金属橡胶设计理论

任志英 著

科学出版社

北京

内 容 简 介

　　本书全面系统地介绍了在高端装备减振缓冲领域中广泛应用的金属橡胶材料的设计理论及其相关工程应用。全书共四部分：第一部分（第1章）为金属橡胶概论，主要介绍金属橡胶的制备工艺流程，并对其在虚拟成形仿真技术和性能表征理论模型方面的发展进行分析与探讨，最后总结金属橡胶在主要工业领域的应用情况；第二部分（第2～4章）为金属橡胶正向设计技术，详细介绍金属橡胶虚拟制备成形的具体方法，并基于有限元分析技术深入探究材料的结构分布特性以及制备工艺参数的敏感性；第三部分（第5～8章）为金属橡胶性能表征理论，结合金属橡胶的正向设计方法和有限元技术，推导金属橡胶的相关性能表征理论模型，内容涵盖其刚度本构模型、阻尼迟滞机理、迟滞动力学模型及力学性能研究和热物理性能研究这几方面；第四部分（第9章）为金属橡胶的工程应用，以仿真和理论为依托，在相应工程背景下解决工程实际难题，为金属橡胶在工程领域的应用提供了具体的解决方案。

　　本书适合结构动力学、非线性振动、减振缓冲等领域的研究者和工程技术人员阅读参考，也可作为相关专业的高年级本科生、研究生的教材或学习参考书。

图书在版编目(CIP)数据

金属橡胶设计理论 / 任志英著. —北京：科学出版社，2024.3
ISBN 978-7-03-077499-6

Ⅰ. ①金…　Ⅱ. ①任…　Ⅲ. ①金属材料—合成橡胶—研究　Ⅳ. ①TG14

中国国家版本馆 CIP 数据核字（2023）第 246065 号

责任编辑：邓　静 / 责任校对：王　瑞
责任印制：师艳茹 / 封面设计：马晓敏

科学出版社 出版
北京东黄城根北街 16 号
邮政编码：100717
http://www.sciencep.com
北京建宏印刷有限公司印刷
科学出版社发行　各地新华书店经销
*
2024 年 3 月第 一 版　开本：720×1000　1/16
2024 年 3 月第一次印刷　印张：11 1/2
字数：280 000
定价：98.00 元
（如有印装质量问题，我社负责调换）

序

　　随着航天、航空、航海、兵器、电子、能源、化工等领域中高端装备的不断发展，高端装备工作条件变得更加极端和苛刻，对其精度、效率、寿命、可靠性等性能也提出了更高端装备的要求。当装备启动、停车和运转过程一旦出现有害振动，则会造成诸多不利影响，甚至是灾难性后果，给人类的生产和生活带来难以想象的困扰。因此，振动分析与控制在许多工程项目中已成为决定项目成功的关键因素。例如，大型化工机械装备的动态失稳可能引发重大事故；核电中大型发电机组由于振动急剧上升可能在短时间内彻底损坏，由此产生的直接和间接损失是巨大的。同时，对潜艇而言，振动与噪声控制的隐蔽性也是至关重要的。基于这些背景，运用振动工程的理论、技术和方法来解决这些问题，成为振动噪声控制领域的当务之急。

　　与常见的橡胶塑料等有机聚合物减振抗冲击材料相比，金属橡胶具有非常显著的优越性，如耐高温、抗核辐射、抗强冲击等。为了解决工业领域特别是高端装备减振降噪的难题，福州大学金属橡胶与振动噪声研究所在金属橡胶材料与制品领域的研究已长达20多年，是目前国内该领域研究实力最强的研究团队之一。团队先后主持完成多项国家自然科学基金和国防类科研项目，在金属橡胶摩擦学方面形成了稳定持续的研究。团队围绕金属橡胶制备技术、设计方法、分析表征理论与工程应用技术开展了长期系统深入的研究，取得的科研成果满足了尖端装备减振降噪和抗冲击的重大急需。

　　基于上述背景，福州大学金属橡胶与振动噪声研究所坚持勇于担当、敢为人先的创新精神，决定编撰《金属橡胶设计理论》一书，旨在总结金属橡胶的设计理论和方法。该书基于金属橡胶的实际制备流程，深入探讨了金属橡胶材料的力学性能、本构关系、虚拟制备等领域的理论分析、建模和实验研究，包括金属橡胶有限元模型的建立和性能参数的表征方法。这些方法有望成为金属橡胶正向设计的理论基础，从而实现金属橡胶的"一键制备"。

　　此外，该书还介绍了金属橡胶材料领域最新的理论和技术成果，对从事金属橡胶研究和学习的学生、科技工作者而言，具有重要的学术价值。与国内外同类书相比，该书采取了整体的出版思想，每章围绕一个主题展开，内容互不重复。书中的研究成果主要源自作者团队在国家自然科学基金等资助下的工作，其中部分成果已被广泛引用和应用于工程及社会实践。

　　该书内容丰富全面，有较强的理论价值与工程应用价值，对于从事金属橡胶研究开发、制造和应用的相关人员，具有较高的参考价值。本人非常愿意将这本具有工具书性质的好书推荐给金属橡胶行业的研究者和工程技术人员，希望读者能从中获取有用的知识和帮助，为我国金属橡胶行业的发展做出更大的贡献。

清华大学　王玉明 院士

2023 年 11 月

前　　言

在日常生活中，我们经常能遇到各种振动现象。物体或系统因外力作用或内部因素而受到扰动，从而引起振动。例如，手机振动时的振动、汽车行驶过程中的振动等。在机械、建筑、电子等领域，振动是一种常见的现象。由于振动会对系统的稳定性、可靠性、耐久性等产生不良影响，甚至会导致设备损坏或人员伤亡，因此，减振的目的就是有效地降低振动的强度和频率，从而提高系统的可靠性和稳定性。减振技术是一门涉及物理、材料、机械工程等多门学科的交叉性科学，不仅关系到机械设备的正常运转，还关系到节约能源、环境保护。在工业高度发达的今天，减振技术正越来越广泛地应用于各个领域，从航空航天到高铁运输、基础建设，再到海洋深潜探测，在人类几乎所有超级工程的背后，都有减振技术的贡献。而人类减振技术的不断进步，正创造出一个越来越高效、安全、绿色、美好的地球家园。

我国装备减振的发展历史可以追溯到 20 世纪初期。那时，我国的工业水平相对较低，缺乏减振技术的应用，随着工业的发展和技术的进步，减振技术逐渐得到了发展。50 年代初期，我国开始在减振领域进行研究，并逐步形成了自己的减振技术体系。当时，我国主要采用机械减振、弹性减振、液体减振和压缩空气减振等技术。随着科技的不断进步，我国减振技术也得到了进一步的提升。从 80 年代起，我国开始采用新型减振材料和新型减振技术，如黏弹性减振、液压减振和电磁减振等，从而更好地实现了机器设备的减振和降噪。目前，我国的减振技术已经非常成熟，并在国内外广泛应用于航空、航天、电子、机械、交通等各个领域。同时，我国的减振技术也在不断地发展创新，为促进各个领域的发展做出了巨大贡献。

在国家战略需求的推动下，我们将集中优势资源攻关核心技术，包括基础材料的开发。作为工业"四基"（核心基础零部件、关键基础材料、先进基础工艺和产业技术基础）的重要组成部分，关键基础材料是我国制造业发展的关键，对国民经济和国防军工建设发挥着重要的支撑与保障作用。金属橡胶正是一种新型的关键基础材料，它具备结构设计灵活、安装空间小、环境适应性强等优点，已被广泛应用于减振、吸声、密封等领域。如今，金属橡胶已成为月球着陆器、军事火炮、海洋舰艇、航天飞行器等高新装备稳定运行的关键材料，也是重点领域高端装备关键组件减振的优选材料之一，它的质量决定着国防装备系统运行的安全性和可靠性。

目前，科技创新型国家发展战略为金属橡胶行业带来了前所未有的机遇。尽管我国学者在金属橡胶的研究方面取得了一些成果，但金属橡胶的制备工艺、设计理论、仿真模型等研究仍然处于起步阶段，还有许多问题亟待进一步研究和探讨。此外，目前各研究机构制备金属橡胶时主要采用人工试凑法，即设计金属橡胶材料主要通过经验和不断地尝试来达到最终所需的力学性能，并且不同批次同一型号的成形样件的一致性较低，这严重影响了该材料的推广应用。因此，本书作者深入金属橡胶材料研究领域，总结了近三十年金属橡胶材料的研究成果和实践经验，结合课题组研究，总结出金属橡胶设计理论。未来，有望结合智能手段实现金属橡胶全流程自动化制备，吸引越来越多的科技工作者投身到这一领域，为共同推动我国金属橡胶行业的科技进步做出更大的贡献。

本书内容丰富，覆盖面广，兼具理论学术和实践应用价值。本书内容系统、全面、实用，图文并茂，是从事金属橡胶材料减振技术的相关工作人员的有用工具书，也适合对减振技术感兴趣的一般读者。我们坚信本书的出版发行，能够给我国在金属橡胶材料领域进行科研、生产、应用、销售的人员带来较大的帮助。

本书的撰写得益于作者所在的福州大学金属橡胶与振动噪声研究所，该研究所为我国仅有的几处金属橡胶技术产学研示范基地之一，为金属橡胶行业的技术发展做出了重要贡献，已成为我国金属橡胶领域的重要科学研究和人才培养基地。同时，本书作者从事减振技术的研发和应用工作十余年，在减振技术和金属橡胶材料的科研、应用方面具有非常丰富的实践经验，取得了多项科研成果，获得了数十项发明专利。本书也是作者对多年从事金属橡胶设计与制备技术的科研、教学、应用的经验总结。

本书由任志英主持撰写并统稿。本书在撰写过程中得到了白鸿柏、史林炜、黄子豪、沈亮量、薛新、周春辉、方荣政、王秦伟、李成威、何理、吴乙万、邵一川、林有希、秦红玲、张兆想、赖福强等人员的支持和协助，在此表示衷心的感谢！

金属橡胶减振技术涉及的专业面很广泛，且技术发展迅速，由于作者水平所限，书中疏漏之处在所难免，敬请有关专家及读者批评指正。

作 者

2023 年 8 月

目　　录

第 1 章　绪　　论

1.1　金属橡胶的概念

随着工业生产与制造的发展，机械设备逐渐呈现高参数化(高温[1]、高压[2]、高速[3,4]、重载[4]等)的趋势。对多功能、高强度构件日益增长的需求激发了人们对多孔金属材料的兴趣，其中最引人瞩目的就是金属橡胶。

金属橡胶[5](metal rubber，又称 metal mesh，tangled wire mesh，entangled wire material，wire mesh，knitted wire mesh，metal textiles)，是由各种牌号的细金属丝经冷冲压工艺制造而成的，同时具有传统高分子橡胶的高弹性、大阻尼特性以及金属优异的物理机械性能，因此得名。制备金属橡胶所用的金属丝及缠绕螺旋卷、金属橡胶毛坯、冲压成形后的金属橡胶制品及其扫描电子显微镜(scanning electron microscope，SEM)图像如图 1-1 所示。

图 1-1　金属橡胶构件及 SEM 图像

金属橡胶作为一种新型的纯金属阻尼材料，自 20 世纪六七十年代在美国、苏联开始逐渐被研究，并且作为减振与缓冲构件被应用在航空、航天等高新技术领域[6,7]。而我国自 90 年代起通过学术交流才开始接触金属橡胶材料及相关技术，经过多年的研究与发展，我国在金属橡胶的设计理论、制备流程、工业应用以及失效研究等诸多方面均取得了一定的研究成果[1]。

金属橡胶是一种微孔隙的弹性阻尼材料，其内部为螺旋金属丝相互交错勾连形成的空间网状结构，在承受交变载荷时，材料内部线匝之间发生干摩擦、滑移、挤压甚至变形，由此，将机械振动的能量转化成热能或其他可被损耗的能量来实现减振特性。成形的金属橡胶制品不仅具有稳定的非连续结构与优异的力学性能，还具有结构可任意设计、安装空间小、环境适应性强等优点。因此，被广泛应用于减振[8]、吸声[9,10]、密封[11,12]、过滤[13,14]、外科植入[15]等领域。此外，其独特的结构效应还赋予了金属橡胶可设计的热物理性能，在高温环境下具有隔热散热、阻燃防爆等应用潜力。现在金属橡胶已为月球着陆器[16]、军事火炮[17]、海洋舰艇[18,19]、航天飞行器[20]等高新装备在高低温环境下的稳定运行提供了关键支持。

1.2　金属橡胶制备工艺概述

　　金属橡胶优良的力学性能使其在军事、航空航天等领域具有很大的应用价值。国外，关于金属橡胶制备工艺方面的研究报道主要是俄罗斯萨马拉国立航空航天大学相关专家提出的金属橡胶制备工艺技术，该工艺对金属丝处理技术、螺旋卷绕制技术、毛坯缠绕和冲压技术以及后期处理技术都进行了详细的介绍，这为我国金属橡胶材料技术的研究与开展奠定了扎实的基础。

　　国内，哈尔滨工业大学、北京航空航天大学、西安交通大学、中国人民解放军陆军工程大学、福州大学等单位的专家均开展了金属橡胶制备工艺的理论和试验研究，并取得了一定的研究成果[21]。目前，金属橡胶的制备流程并未形成统一的技术标准，研究人员根据不同的试验要求可以灵活调整制备参数以及改进制备流程，其中包括不同丝材的对比分析、绕丝机的结构优化设计、螺旋卷的铺设缠绕路径优化、热处理技术的应用等。经过多年的深入研究，福州大学金属橡胶与振动噪声研究所已经掌握了金属橡胶的基本制备技术，一般来说制备流程可分为四个阶段，即原材料的准备工作(也称丝材准备)、毛坯制作、冲压和滚压成形以及后期处理等，如图 1-2 所示。

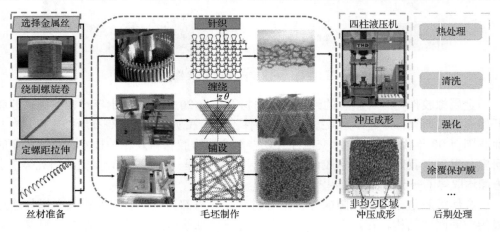

图 1-2　金属橡胶的制备流程

1.2.1 丝材准备

丝材准备阶段，可以分为选择金属丝和绕制螺旋卷两个步骤。

1. 选择金属丝

金属橡胶由金属丝制备而成，因此金属丝的选取对金属橡胶构件的阻尼刚度、弹性减振以及疲劳损耗特性有着重要的影响[9]。当装备处于高温、辐射、腐蚀等服役环境中时，就需要结合环境因素综合考虑金属丝的选型。例如，当其被应用在环境比较恶劣的深空、深海等装备中时，就要求制备金属橡胶的原材料——金属丝，具有高的抗拉强度、弹性极限、韧性和疲劳强度，并耐腐蚀，且在高/低温环境中仍保持稳定的性能。因此，当前用于制造各种类型和用途的弹簧的弹簧钢丝成为金属橡胶原材料的首选。

一般来说，金属丝的选取主要是两方面：材质与几何特征(直径大小、截面形状)。除了使得金属橡胶在服役过程中能够满足基本的刚度阻尼特性外，还需要保证金属橡胶具有足够的使用寿命，因此，金属丝自身的力学特性就至关重要。据统计，目前金属橡胶常采用的细金属丝主要有以下几种类型：不锈钢、黄铜、铝丝、铁丝、镀锌镀铝、形状记忆合金等。其中，使用最广泛的是铬-镍奥氏体不锈钢，如 304 不锈钢(06Cr19Ni10)、316 不锈钢(06Cr17Ni12Mo2)和 321 不锈钢(06Cr18Ni11Ti)。304 不锈钢具有耐腐蚀性好、加工性能高等优点，但也存在对生锈等不足之处，因此一般应用在对腐蚀性要求不高的环境中。316 不锈钢的耐腐蚀性要比 304 不锈钢更优良，可应用于海洋以及侵蚀性非常强的场所。以 316 不锈钢为原材料的金属橡胶，一般用于火箭发射器、飞机引擎等高温部件中，以及船舶、舰艇等腐蚀性很强的环境中。321 不锈钢在性能上与 304 不锈钢近似，但由于在其中加入了钛元素，阻止了材料中碳化铬的产生，所以材料的耐磨性和高温强度都比 304 不锈钢更优良。

选择金属丝的第二步是关于直径的选择，不同的金属丝直径将影响金属橡胶整体的尺寸以及力学性能的优劣，一般来说金属丝直径越大力学性能表现越好，其疲劳寿命就越长，整体质量就越高。目前常见的金属丝直径范围为 0.05~0.3mm。就金属丝截面形状而言，研究的大部分金属橡胶均是由圆形截面金属丝制备而成的，小部分尝试用三角形非圆形截面进行制备，一定程度上可以提高内部金属丝的耐磨性，但由于金属丝存在接触应力集中且制备价格高等问题并没有进行深入探究，故不进行讨论。

2. 绕制螺旋卷

金属丝选择完毕后，将通过专门的设备以螺旋轨迹绕制成具有一定直径的金属丝螺旋卷。绕制金属丝螺旋卷是金属橡胶制备流程中的一个重要环节，绕制螺旋卷的质量好坏直接影响到成品构件整体的阻尼性能以及成形的稳定性。目前，常用的金属橡胶绕制设备为半自动有芯轴螺旋卷绕制设备和数控无芯轴螺旋卷绕制设备。

　　半自动有芯轴螺旋卷绕制设备的工作原理如图 1-3 所示，主要由芯轴、线轴、压力调节弹簧等组成。其中，芯轴两端固定在由调速电机带动的锁紧装置中，线轴架用于安装固定绕有金属丝的线轴，压力调节弹簧用于调节缠绕时丝线张力以控制螺旋卷直径和稀疏程度。半自动有芯轴螺旋卷绕制设备的工作效率取决于芯轴在锁紧装置中的安装、拆卸时间及调速电机的转速，同时与金属丝的直径和螺旋卷的直径密切相关。

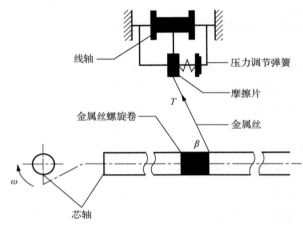

图 1-3　半自动有芯轴螺旋卷绕制设备的工作原理

　　数控无芯轴螺旋卷绕制设备的工作原理如图 1-4 所示，主要由校直机构、送料机构、变径机构、切断机构四部分组成，是一种典型的机电一体化设备。其中，校直机构的目的是消除金属丝原有的弯曲变形，经校直后的金属丝能挺直地进入变径机构，以便提高卷簧的成形精度。送料机构的送料滚轮旋转一周，送料长度就是送料滚轮的周长，螺旋卷的展开长度可由送料滚轮的旋转圈数决定，扇形不完全齿轮的齿数控制送料滚轮的旋转圈数。变径机构是绕制螺旋卷外径的控制机构。生产圆柱螺旋卷时，其走丝不变，调整两个顶杆至相应位置，符合螺旋卷的外径尺寸，然后固定两个顶杆位置不变。切断机构则用于完成卷绕成形螺旋卷的切断，控制器根据卷绕弹簧的长度控制切断刀实现钢丝的切断。

　　绕制过程中一般通过调整变径机构中的卷簧刀位置来控制螺旋卷直径，且细金属丝经过绕制后形成紧密接触的螺旋卷试样，见图 1-4(a)，一般螺旋卷的直径大小规定为金属丝直径的 5～15 倍，这样可使得成形后的金属橡胶的稳定性与综合性能达到最佳[22]。并排接触的螺旋卷无法直接使用，还需要对螺旋卷进行拉伸处理，使得螺旋卷获得一定螺距，见图 1-4(b)。通常控制的螺距与螺旋卷的外径应大致相等，这样可以使后续工序缠绕过程中螺旋卷之间相互啮合的状况达到最佳，避免螺距过大或者过小导致毛坯啮合不良或分布不均，影响金属橡胶的整体稳定性和均匀性[23]。

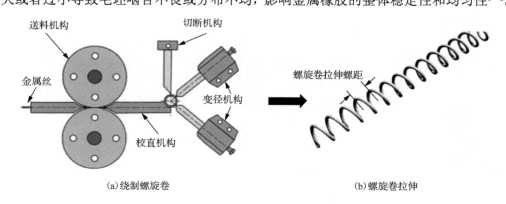

(a)绕制螺旋卷　　　　　　　　　　　　(b)螺旋卷拉伸

图 1-4　数控无芯轴螺旋卷绕制设备的工作原理

1.2.2　毛坯制作

关于金属橡胶毛坯成形技术目前主要有以下几种：人工铺设工艺、半自动螺旋卷缠绕工艺、自动螺旋卷铺设工艺以及卷绕铠装毛坯工艺等。研究初期，多采用人工铺设的方式制作毛坯，然而这种形式生产效率较低、需耗费大量人力时间，并且成形后的质量无法保证。

随着数控自动化成形工艺的逐渐发展，以计算机控制技术为核心的金属橡胶毛坯缠绕工艺也逐渐成熟，其主要采用螺旋卷定螺距拉伸技术、缠绕轨迹控制技术以及毛坯尺寸控制技术，通过缠绕螺旋卷制备毛坯可以有效控制螺旋卷的轨迹，保证毛坯质量及提高性能，属于目前多数小型金属橡胶试件制备的首选方法。自动螺旋卷铺设工艺则因具有可设计参数多、铺设毛坯构型灵活及稳定性好等优势，在制备薄板型结构方面占有很大的优势；而卷绕铠装毛坯工艺主要是考虑毛坯的抗残余应力能力，可以有效提高构件的承载能力，但制备烦琐，市场并不常用。因此，缠绕与铺设工艺是当前常用的毛坯制备方法。

1)毛坯缠绕工艺

数控半自动金属橡胶毛坯缠绕设备如图 1-5 所示，该设备主要由缠绕机构、导丝机构、定螺距拉伸机构及控制系统几部分组成。其中，缠绕机构用于驱动主轴以一定转速旋转，并将测量得到的电机转速输送到控制系统；导丝机构用于驱动送丝装置以一定速度及位移沿线性滑轨做往复直线运动，并利用滚压装置压紧毛坯，使螺旋卷勾连良好；定螺距拉伸机构用于对密匝金属丝螺旋卷进行定螺距拉伸；控制系统通过变频器控制缠绕机构的三相异步电机转速，并根据用户设定参数及设备各传感器输出信号控制导丝机构中送丝装置的移动速度、位移及定螺距拉伸机构中的步进电机转速，从而对螺旋卷螺距大小及螺旋卷缠绕运动轨迹进行精确控制。

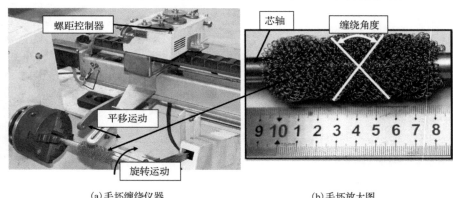

(a) 毛坯缠绕仪器　　　　　　　　　　　　　(b) 毛坯放大图

图 1-5　数控半自动金属橡胶毛坯缠绕设备

采用数控半自动金属橡胶毛坯缠绕设备，可以精确便捷地控制螺旋卷缠绕路线，适用于结构简单、常规尺寸的金属橡胶毛坯制作，预拉伸成一定螺距的螺旋卷通过上方的导丝机构将螺旋卷沿缠绕芯轴轴线方向进行往复循环运动，同时缠绕芯轴以固定角速度旋转，最终，两个运动合成螺旋卷的缠绕运动轨迹，从而实现螺旋卷毛坯的缠绕。对于毛坯来说，螺旋卷的缠绕角度对成品质量与性能好坏具有至关重要的作用。现有多项研究成果表明[7,24]，不同的缠绕角度会使得内部线匝形成不同的接触形式，最终获得不同的力学性能，并且一定角度范围内也可以提升整体性能。常见的缠绕角度多为 30°、45°、60° 等特殊角度，毛坯的缠绕角度是通过控制芯轴的转速及导丝机构中送丝装置的水平移动速度来共同确定的。

2) 毛坯铺设工艺

制备薄板型金属橡胶常采用自动螺旋卷铺设工艺，如图 1-6 所示。该工艺主要采用钉板进行毛坯的铺设，钉板由销钉和底板构成，销钉可选择性地固定于底板的孔位处，在毛坯铺设过程中起到了定位作用，故销钉又称为定位销。制备毛坯时，将定螺距拉伸后的螺旋卷按一定路径在定位销之间按层铺设，在一定铺设层数后，使用滚压机构进行定型。因此，铺设路径具有一定的规律性。对于铺设制备毛坯来说，铺设的均匀性对成品质量与性能好坏具有至关重要的作用，现有多项研究成果表明，不同铺设的路径会使得内部线匝形成不同的接触形式，最终获得不同的力学性能，并且通过优化路径可以实现毛坯均匀性，提升整体性能。

图 1-6 自动螺旋卷铺设设备

1.2.3 冲压和滚压成形

金属橡胶的毛坯冷冲压/滚压成形是金属橡胶制备工艺流程中最为关键的工序，而金属橡胶构件的性能优劣主要取决于冲压/滚压成形时的压力以及成形后的尺寸，故需要根据实际应用条件选择合适的成形压力。此外，在进行冲压模具设计时，首先应根据所要制备的金属橡胶制品的结构形状对冲压/滚压模具进行构型设计(成形原理)，这是决定金属橡胶制品能否成形，以及成形质量(包括几何尺寸、力学性能、内部组织结构等)能否满足设计要求的关键。此外，还要考虑工位安装、限位保护、模具强度、脱模及尺寸精度控制等一系列问题。

1) 冲压成形

如图 1-7 所示，将毛坯有序地放置在冲压模具中，在 THD 32-100 四柱液压机中以一定的冲压压力压制成形，并在最大冲压压力下保压 30s 以确保材料塑性变形的稳定性。经过压力机冷冲压后制成的金属橡胶构件，其尺寸、形状等均通过制作对应模具来获得。

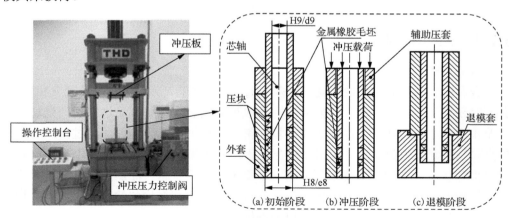

图 1-7 金属橡胶冲压成形流程

一般来说，评价金属橡胶制品成形质量的标准主要是测量其几何尺寸、力学性能是否达到设计要求，内部组织结构是否均匀一致。大量的生产实践表明，金属橡胶制品的成形质量与制造过程中的各个环节密切相关，影响因素很多，作用机理也比较复杂。因此，冲压过程中，根据构件结构复杂程度可以选择多次循环冲压与一次性冲压，并且每次冲压操作需保证加压-保压-泄压的流程，这主要是为了能够将构件定型与去除残余应力，保持构件的稳定性。

2）滚压成形

对于辊压制备平板薄状类的金属橡胶，所采用的成形设备为金属橡胶毛坯(平板薄状类)自动化辊压机，如图 1-8 所示。金属橡胶辊压成形工艺主要是基于旋转轧辊与金属橡胶毛坯之间的摩擦挤压作用，具体操作是将毛坯放入轧辊装置的间隙中，并承受均匀的轧辊载荷而产生塑性变形的过程。该成形技术主要针对薄型且大面积的金属橡胶几何构件。

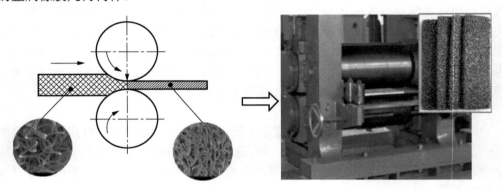

图 1-8　100 吨金属橡胶毛坯(平板薄状类)辊压示意图及自动化辊压机

1.2.4　后期处理

1）热处理

金属橡胶制品的力学性能受到诸多加工工艺的影响，为调整制品的硬度和塑性，必要时还要进行后期处理。目前对冷冲压成形后的金属橡胶制品进行后期处理的方法及步骤，主要取决于制品的工作环境和特殊的使用性能。例如，经过冲压成形后的金属橡胶制品内部线匝之间相互咬合，形成了具有一定稳定性的组织结构。但是，仍有部分线匝之间的咬合处于不紧密、不稳定的临界状态。而热处理工艺是改善其力学性能的重要手段。热处理的目的主要有三方面：获得均匀的成分和适于冷加工的组织；消除加工硬化和内应力，以便继续进行冷加工；获得需要的力学性能、工艺性能和物理性能。其中，将已经淬火的金属橡胶重新加热到一定温度，再用一定方法冷却，称为回火。其目的是消除淬火产生的内应力，降低硬度和脆性，以取得预期的力学性能。回火分为高温回火、中温回火和低温回火三类。通过对不同回火温度处理后的金属橡胶制品的力学性能进行分析，可以为确定金属橡胶制品的热处理温度提供科学依据，如图 1-9 所示。

从图 1-9(a)可以看出，在 350～475℃时，随着温度的升高，回火载荷-变形曲线呈向左移动的趋势，说明金属橡胶试件的承载能力逐渐增大；从图 1-9(b)可以看出，在 475～550℃时，随着温度的升高，回火载荷-变形曲线呈向右移动的趋势，说明金属橡胶试件的承载能力逐渐减小。475℃是一个拐点，低于 475℃回火时金属橡胶试件的承载能力随温度升高而增大，而高于 475℃回火时金属橡胶试件的承载能力随温度升高而减小。

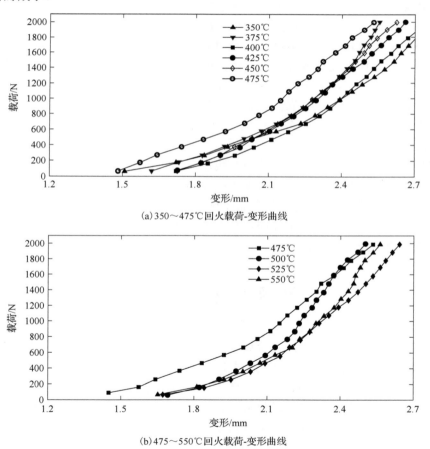

(a)350～475℃回火载荷-变形曲线

(b)475～550℃回火载荷-变形曲线

图 1-9　不同回火温度对金属橡胶力学性能的影响

2）清洗

在前期的一系列制备流程中，螺旋金属丝难以避免地会接触并被黏附上许多油渍、灰尘和金属碎屑等。这些残留的杂质会对金属橡胶承载过程中正常的空间构型变化产生影响，从而影响材料性能测试的精度，故一般要进行清洗。对无特殊要求的制品可以用清洁剂清洗，对于弹性阻尼元件，需要采用超声清洗设备对金属橡胶成品进行清洗，并利用电热鼓风干燥箱对清洗好的试件进行干燥。

3）表面耐磨处理

为了提高金属橡胶表面的耐磨性、耐腐蚀性以及耐高温等性能，有时还需要对金属橡胶成形件涂敷保护膜，其中金属橡胶表面铝涂层处理为最常见的涂层方法。在对金属橡胶表面镀铝处理之前必须进行表面酸碱预处理，除去金属橡胶表面的油污及氧化物。而涂层方法主要有料浆法涂层、粉末固渗法和热浸镀铝法三种。料浆法涂层用铝粉漆作为铝源，在高温下金属橡胶表面铝粉漆中的有机成分受热分解挥发，留下的铝粉熔化铺展在金属橡胶表面并向内部扩散形成镀铝层；粉末固渗法是将表面清洁的金属橡胶埋入装有粉末渗剂的密封渗罐中，加热到反应温度并保持一段时间，粉末渗剂在高温下发生反应，在金属橡胶表面吸附具有活性的原子态铝，随即扩散进入工件内，形成表面合金层；热浸镀铝法是将金属橡胶通过自制热浸装置进行镀铝，铝液中添加少量硅元素，热浸镀铝过程中在铝液表面撒上 K_2ZrF_6 以露出新鲜表面。

最后需要提到的是：金属橡胶制品成形后的组织不一致性。金属橡胶制品的组织不一致性主要表现为宏观不一致性和微观不一致性。其中，宏观不一致性是由制造工艺不合理造成的（主要是毛坯制备工艺方法不合理），可以被消除；微观不一致性则是由金属橡胶组织本身不能获得分布均匀的孔隙而形成的，取决于制品的孔隙率、螺旋卷直径及金属丝直径等。

1.3　金属橡胶设计理论研究概述

金属橡胶制备工艺技术涉及金属丝的选取、绕制螺旋卷技术、毛坯制备技术、冲压成形技术及后期处理技术等。通过 1.2 节对金属橡胶成形工艺的介绍，可以了解到从金属橡胶的螺旋卷绕制、初始毛坯的形成以及最终材料冷冲压成形等工艺，每一个环节都对金属橡胶的多点随机分布构型产生了重要的影响。不同的工艺参数对材料空间几何拓扑结构的作用，最终反映了金属橡胶独特且高度非线性的刚度、阻尼迟滞等力学特性。即便使用同样的材料与参数也难以保证所有制品在结构与性能上完全一致，这使得试验方法存在天然的误差。而国内在金属橡胶研究领域面临的瓶颈问题主要是制备设备自动化程度不高，技术水平落后，很多企业仍采用手工作坊的制备方法，这样就导致金属橡胶制品(试件)的尺寸及性能一致性、稳定性差，造成试验数据不能重复，难以取得准确的定性或定量的研究结论，甚至有时会出现不能逻辑自洽、相互矛盾的结论。这些情况也同样是一直困扰复合材料研究与产业化应用的主要问题，应该引起高度重视。更为严重的是，落后的制备设备水平使现有的金属橡胶制备工艺技术研究存在很大缺陷。

目前，关于金属橡胶结构的设计，尚未建立起结构特征与材料宏观性能之间影响关系的材料设计体系，国内多数企业仍然主要依赖于人工经验或试验试错等手段，严重制约了金属橡胶的应用前景[1,25]。同时，对于金属橡胶产品制备技术的研究，由于国外技术封锁，国内起步较晚，迄今为止，关于金属橡胶设计、制备与应用理论的研究，以经验规律、重复试验或单一规则力学模型分析为主，无法体现金属橡胶这种复杂的空间交错结构真实的力学特性。但是随着计算机与仿真技术的迅猛发展，特别是虚拟制备方法在其他复合材料中的应用，利用多学科交叉手段、基于现代计算机科学理论与有限元模拟技术、数值重构技术等对金属橡胶材料进行虚拟制备，增加了实现该材料正向设计的可能性。另外，金属橡胶在承受交变载荷时会产生形变，宏观性能上表现为近似黏弹性材料的非线性迟滞本构关系，微观性能上表现为内部线匝之间的滑移、摩擦、挤压和变形[26,27]，由此产生的线匝间的摩擦力能够耗散大量由振动或冲击产生的能量，以达到减振和缓冲的目的。同时金属橡胶内部各接触点处所发生的滑移摩擦和挤压变形，是一个材料非线性和接触非线性的复杂物理过程，特别是接触界面不仅存在法向接触力，还存在摩擦问题，会与金属橡胶内部线匝变形之间形成复杂的非线性关系。这些因素对材料宏观上的阻尼性能、弹性变形性能将产生重大影响，甚至导致失效，使得金属橡胶的几何构型、接触点空间位置和接触状态等仅仅依赖于有限元模拟手段难以进一步深入研究，无法基于材料细观结构有效地对金属橡胶高度非线性的刚度本构行为和干摩擦阻尼迟滞现象进行很好的解释。

此外，所制备的金属橡胶构件都具有无序非连续的结构特性，单靠传统的计算机模拟手段，难以复现其材料本身独有的无序式网格互穿结构，这导致其内部的响应机制与性能参数联系无法被揭示。而且现有的传统力学模型如角锥模型、悬臂梁模型、规律性空间分布的螺旋微弹簧结构等，只能在局部反映金属橡胶的部分结构特征，与其空间随机多点接触特性存在着明显区别。为了解决这一难点，现有的金属橡胶有限元模型研究主要集中在逆向三维模拟和正向数值模拟两方面。其中，逆向三维模拟方面主要基于工业计算机断层扫描(computed tomography，CT)技术实现金属橡胶材料三维有限元模型的建立。Courtois 等[28]采用 X 射线断层扫描技术对金属橡胶材料进行三维无损微观结构表征，如图 1-10(a)所示，通过监测每单位体积在压缩过程中接触数的演变以及密度分布，可将重建三维实体的微观结构演变与其力学行为联系起来。Gadot 等[29]通过 X 射线断层扫描技术发现金属橡胶材料的细观结构是均匀且各向同性的，如图 1-10(b)所示，并且分别重建了金属橡胶材料的三维模型和金属丝中心线，利用局部应变场的光学测量，研究金属橡胶材料的宏观热力学性能。Ma 等[30]应用 CT 技术获得金属橡胶实心圆柱体样品的骨架模型，如图 1-10(c)所示，骨架模型与三维模型重叠较好，在一定程度上可以用来描述金属橡胶的拓扑特性。然而，由于金属丝之间的勾连接触，三维模型中金属丝之间存在粘连，从扫描图像上表现为部分金属丝截面相互粘连。为解决粘连分割问题，黄明吉等[31]采用基于标记的分水岭算法对截面中相对简单的粘连进行分割处理，并根据金属丝直径不变的几何结构特征，在计算机辅助设计(computer aided design，CAD)系统中利用扫掠算法重构出了金属橡胶三维模型，建模流程如图 1-10(d)所示。

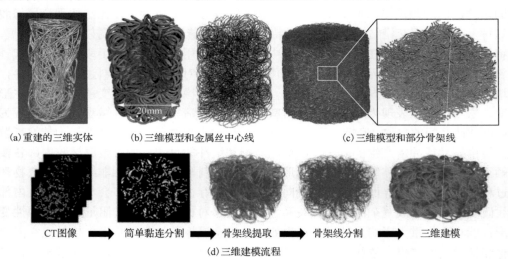

(a)重建的三维实体　　　(b)三维模型和金属丝中心线　　　(c)三维模型和部分骨架线

CT图像　➡️　简单黏连分割　➡️　骨架线提取　➡️　骨架线分割　➡️　三维建模

(d)三维建模流程

图 1-10　金属橡胶逆向设计三维模拟

基于 CT 技术的逆向建模为金属橡胶的三维建模提供了一条有效的途径，然而由于扫描技术的局限性以及金属橡胶内部金属丝复杂无序的勾连状态，不可避免地会出现金属丝截面相互粘连，一些接触复杂的区域容易导致后续有限元分析存在不收敛、仿真速度过慢等缺点。因此，正向设计数值模拟也成为学者关注的焦点，其中，离散单元模拟和有限元模拟是主要的设计方法。Durville[32]考虑大位移和变形，提出了运用离散单元模拟复杂缠结金属丝材料的机械力学，如图 1-11(a)所示，考虑金属丝之间的接触-摩擦相互作用，构建变形时梁单元之间的接触区域，为接触问题的先验离散化提供了支持，并模拟缠结金属材料发生大变形的力学行为。Barbier 等[33]采用来自分子动力学技术的离散单元模拟缠结金属材料的力学行为，将每根金属丝允许拉伸和弯曲的少量段离散化，随机排列在空间的三个方向上进行增量压缩模拟，结果证明通过将金属丝分段离散而不是珠状离散，可以减小金属丝的自由度，而不损失任何相关性。Rodney 等[34]在此基础上为了更精确地分析金属橡胶材料的变形机制，并进一步分离结构的作用，使用基于基尔霍夫梁理论离散公式的简单线弹性本构法对金属丝进行了离散单元模拟，该模型具有正常接触的相互作用。如图 1-11(b) 所示，该方法建立的金属橡胶模型再现了孔隙率、金属丝平衡曲率和样品尺寸，为具有不同孔隙率的自适应结构设计开辟了道路。此外，董秀萍等[35]建立了包含线匝、螺旋卷参数以及螺旋卷分布等细观结构信息的金属橡胶三维空间参数化模型，如图 1-11(c) 所示，该模型实现了金属橡胶材料的正向参数化设计以及金属丝接触点数的统计计算，在一定程度上推进了金属橡胶的细观研究。但其规律性的叠层式分布结构与金属橡胶的线匝真实空间分布存在着较大差距，仍然无法有效地对这种弹性多孔材料进行精确的表征。黄凯等[36]从金属橡胶的实际制备工艺路线出发，如图 1-11(d) 所示，构建了在空间几何构型上与金属橡胶产品契合性良好的有限元模型，一定程度上弥补了这一方面的空缺，但其并未对产品内部线匝的实际接触摩擦展开进一步的研究。

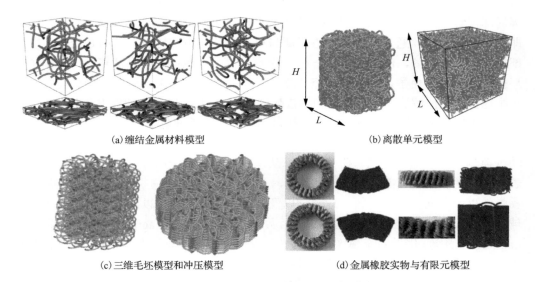

(a) 缠结金属材料模型　　　　　　　　　　　(b) 离散单元模型

(c) 三维毛坯模型和冲压模型　　　　　　　　(d) 金属橡胶实物与有限元模型

图 1-11　金属橡胶正向设计数值模拟

因此，有必要在完善金属橡胶有限元仿真模拟研究的基础上，通过二次开发，采用计算机科学、数理统计学、材料学等多学科交叉手段对金属橡胶在产品制备与应用过程中细观结构特征与宏观材料性能间的映射关系展开更深入的研究。采用空间几何理论，构造空间多重缠绕的弯曲螺旋卷，结合材料参数数据库，设计制备出合理有效的虚拟三维模型，这对材料的细观机理研究至关重要，并为后续的理论试验奠定了基础。

随着计算机科学的普及和多学科交叉的数值方法的兴起，基于计算机模拟技术的材料虚拟成形技术成为近二十年来的研究热点。然而，在虚拟仿真中存在着许多问题：材料的非线性弹塑性行为模拟存在较大的差异性、复杂构型材料接触表面的接触判定与渗透定义较为困难、材料成形中的材料力学与接触摩擦参数如何定义等。因此，复杂构型材料在虚拟制备中的接触搜索与接触摩擦研究是近年来的研究热点。20 世纪 90 年代初期出现了各类商用有限元软件，推动了全自动生成二维四边形网络算法的发展，并已逐渐成功地应用于实际生产[37,38]。上述有限元方法的建立和传统商用软件的完善，使得进一步实现基于虚拟仿真技术的金属材料弹塑性成形成为可能。

在材料成形受载过程中，接触问题是无法避免的重要问题[39,40]，这类问题存在单边约束和未知接触区域两大特点。载荷水平、加载方式和接触面之间的性质等因素会影响接触区域的确定，属于边界条件待定的非线性问题。有限元接触搜索算法正是解决接触问题的最佳方法，其中主从面法、单曲面法、极域算法等全局搜索算法得到学者的广泛研究，除此之外，还有光滑曲面（曲线）算法、点面算法和小球算法等局部搜索算法。Hallquist 等[41]采用等体积的小圆球等效代替接触单元，小球的球心即为单元的中心，通过两单元中心距离与相邻小球间距的比较，判断是否发生了局部接触现象。此外，Papadopoulos 等[42]在点面算法中也引入了小球算法，提出了球形排序算法，避免了迭代求解，但该算法的稳定性也由于多解问题而受到影响。由于小球算法无法解决两个壳单元初始接触的问题，Belytschko 等[43]提出了分裂小球算法，通过接触微元间的渗透规则判定接触小球间的交叠现象。

此外，在材料的接触问题中，学者对其界面与表面间的接触力学与接触区域运动摩擦学展开了深入研究。研究初期，从理想弹性体的无摩擦接触研究到对接触体表面的滑动和滚动摩擦接触的理论研究，接触力学继续得以扩展，在塑性、弹塑性、黏弹性以及各向异性的材料、运动学以及动力学等领域也得以发展[44]。通过改进小球算法并运用接触约束算法，如罚函数法、拉格朗日（Lagrange）乘子法和增强Lagrangian 法等，能够对金属橡胶在成形受载时内部空间金属丝的实际接触摩擦特性进行实时监控，使得金属橡胶虚拟制备技术成为可能。

因此，本书结合相关理论提出了基于虚拟制备的金属橡胶正向设计方法，其设计流程如图 1-12 所示。该正向设计理念完全根据金属橡胶构件实际制备的流程，即先将螺旋卷进行拉伸，当形成固定螺距后按照一定的轨迹缠绕在芯轴上形成毛坯，再将毛坯放入模具中进行冲压成形后形成构件。而制备金属橡胶虚拟三维模型的关键在于如何实现螺旋卷的自转与公转。自转就是金属直丝通过绕丝机卷制成螺旋卷，公转就是螺旋卷以缠绕在绕丝机芯轴的空间中心曲线为基准轴线，即中心基准轴线，再将螺旋卷沿着中心基准轴线轨迹按照一定角度以固定螺距进行缠绕。最后将形成的螺旋卷模型沿径向进行平移后收拢聚集，使得弯曲螺旋卷之间相互嵌入勾连，从而建立金属橡胶毛坯的数值建模，并根据实际制备参数进行冲压成形。其中生成的具有一定轨迹的空间螺旋卷，是通过不断转换局部坐标系改变中心基准轴线的生成轨迹而获得的[45]。

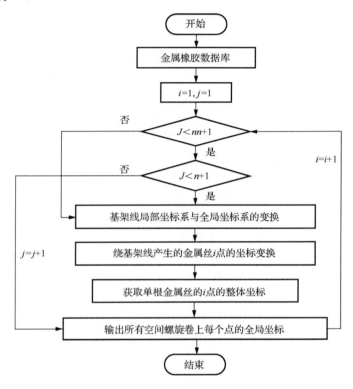

图 1-12　基于虚拟制备的金属橡胶正向设计流程图

1.4　金属橡胶性能表征理论模型研究概述

金属橡胶性能表征理论涉及微观组织结构特征、弹性变形与阻尼耗能性能、气/流体性能、声学性能、电学性能及疲劳老化性能等方面。研究初期，俄罗斯专家在金属橡胶压缩强度分析理论、基于唯象学分析方法的金属橡胶弹性变形与阻尼耗能理论及气/流体过滤理论等方面做出了许多开创性的贡献[5]。金属橡胶技术被引入国内后，中国人民解放军陆军工程大学、哈尔滨工业大学、福州大学、北京航空航天大学、上海交通大学、中北大学等多家高校及科研院所开展了金属橡胶性能表征理论的研究，也取得了许多具有开创性的研究成果。

1.4.1　金属橡胶刚度本构模型研究

试验研究表明，影响金属橡胶性能的主要技术参数有金属橡胶的相对密度、螺旋卷线匝的拉伸螺距及缠绕方式、螺旋卷直径、金属丝直径、金属丝材料的弹性模量和屈服极限等。显然，要设计出各项性能指标优良的金属橡胶构件，还需要对其力学特性与这些制备工艺参数之间的关系进行系统的理论与试验研究。尽管美国和苏联在这方面已经进行了长期的研究工作，但由于国家之间军工技术的保密和封锁，我们所能得到的国外研究资料极少。因此，建立金属橡胶细观结构参数与宏观力学性能之间关系的本构模型成为亟待研究的一个课题。目前，直接从金属橡胶的细观特征出发，根据材料细观单元在外力作用下的变形响应，考虑各单元的相互作用，构造相应的金属橡胶宏观变形本构关系模型已经成为主流的研究方向。

金属橡胶无序的螺旋卷网络勾连互穿结构，使得材料宏观力学性能呈现出高度非线性。在实际应用过程中的工况和受力情况也是千变万化的，内部螺旋丝卷间的接触更是错综复杂，有分离、滑移、黏着等不同的接触状态[46]。面对如此复杂的受力和摩擦磨损接触状态，只有抓住事物的本质特征才能真正理解和分析事物，而本构模型正是分析事物本质特征的最有效途径[19,47]。同时，金属橡胶性能与其金属丝直径、螺旋卷直径、材料相对密度等基本的材料结构参数密切相关，因此，近年来学者尝试从金属橡胶细观结构出发，对材料的本构模型进行了深入的研究，如图 1-13 所示。

从图 1-13 中可以看出，目前关于金属橡胶材料的微观接触力学模型研究，已经从等效模型转向基于实际结构的模型，从单一的微单元螺旋卷接触模型逐渐向三维空间参数化模型方向发展，均取得了卓有成效的研究成果。研究早期，提出了角锥模型[48]、悬臂梁模型[49]和干摩擦结构单元模型[50]，对金属橡胶构件的力学特性进行等效，在一定程度上反映了材料内部线匝的干摩擦作用。此类等效模型脱离了实际工况的复杂性，其准确性还有待进一步提高。后来，研究者根据金属橡胶螺旋卷的接触勾连空间结构，提出了螺旋微弹簧模型[51]、单匝螺旋卷模型[52]和变长度曲梁模型[53]等，从微观螺旋卷接触特性角度进一步研究。由于多孔材料理论模型的不断完善，相关学者又对金属橡胶提出了基于多孔材料理论的曲梁模型[54]，建立了金属橡胶的非线性本构方程。然而上述模型采用的常常是单一规则的结构，无法反映金属橡胶空间复杂真实的拓扑结构，为此，学者又尝试通过正向和逆向三维数值模拟的方法解决。例如，基于 CAD 技术构建三维参数化模型[55,56]，是第一个接近金属橡胶实际组织结构的仿真模型。

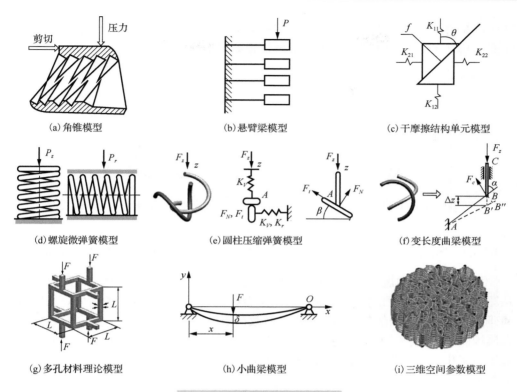

(a) 角锥模型　　　　　　　(b) 悬臂梁模型　　　　　(c) 干摩擦结构单元模型

(d) 螺旋微弹簧模型　　　(e) 圆柱压缩弹簧模型　　　(f) 变长度曲梁模型

(g) 多孔材料理论模型　　　(h) 小曲梁模型　　　　(i) 三维空间参数模型

图 1-13　金属橡胶细观本构模型

但现有多数几何模型采用等效模型或单一有序的线匝结构，这与实际随机分布的线匝结构存在较大的差异，无法诠释材料受载时内部组织结构的变化情况和线匝间干摩擦耗能的微观机理。而且现有的微观接触力学模型严格意义上属于准静态范畴，难以准确地描述复杂螺旋网状结构线匝间各接触点的应力、应变、接触点分布等随着线匝相互接触滑移、挤压及变形时的动态演化过程，因而不能对金属橡胶的摩擦耗能特性做出全面准确的预测，很大程度限制了该材料的进一步推广应用。

1.4.2　金属橡胶阻尼表征理论模型研究

金属橡胶内部组织结构的特点是线匝之间相互咬合勾连，形成非常复杂的空间网状结构。在动态载荷作用下，互相接触的线匝发生滑移、摩擦和挤压，在线匝接触点产生摩擦耗能现象。同时，线匝之间的相互空间位置发生变化，而且由于约束和摩擦阻力的作用，当载荷逐渐减少或增加时，这种空间位置的变化不能完全恢复，会产生类似黏弹性的耗能现象。此外，金属橡胶是一种弹性多孔状材料，变形过程中内部空气受到挤压和泵吸作用也会产生耗能现象。可见，金属橡胶的阻尼耗能机理比较复杂，含有多种阻尼成分。金属橡胶正弦位移加载时的典型恢复力-位移曲线如图 1-14 所示，典型迟滞回线拟合分解过程如图 1-15 所示。

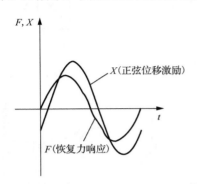

图 1-14　金属橡胶的典型恢复力-位移曲线

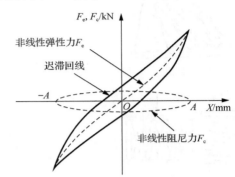

图 1-15　金属橡胶的典型迟滞回线拟合分解图

　　从图 1-14 可知恢复力响应曲线的畸变说明恢复力响应中含有高次谐波成分，而从图 1-15 可知迟滞回线包围的面积反映了金属橡胶元件阻尼耗能的能力。大量的试验研究表明，迟滞回线包围的面积不仅随载荷幅度变化，而且还与载荷的频率有关。金属橡胶的刚度特性和阻尼特性均具有较大的历史依赖性，随着变形的增加，其性能不断变化，具有强烈的非线性特征[57-61]，这导致对金属橡胶的动力学分析过程十分复杂。

　　从目前来看，对金属橡胶隔振系统的分析方法大多是先将非线性恢复力进行分解，而后对各个分解力分别进行表示，最后通过不同算法对模型进行参数识别。西北工业大学用参数分离法建立了金属橡胶阻尼器力学模型，利用二维拉格朗日插值法和人工神经网络法对模型参数进行了识别，取得了良好的识别精度[62]。哈尔滨工业大学通过泊松分布表征金属橡胶内部线匝间的接触形态，结合试验手段对材料阻尼本构关系中的参数进行了有效识别[63]。

　　由于金属橡胶特殊的成形工艺，金属橡胶非成形方向的阻尼特性必然不同于其成形方向，是一种典型的各向异性的材料。但当前关于金属橡胶非成形方向的研究较少。中国人民解放军陆军工程大学基于金属橡胶成形/非成形方向变形的各向异性行为，对材料内部线匝的空间位形与接触模式展开了分析，建立了金属橡胶成形/非成形方向的阻尼迟滞力学模型[64,65]。福州大学金属橡胶与振动噪声研究所通过正弦加载试验分析了成形方向和非成形方向的动态压缩机理，以等效损耗因子为评价指标分析了加载频率和密度对其阻尼特性的影响，用参数分离法建立了非成形方向的阻尼模型，并用最小二乘法进行了参数识别，结果表明所建立的模型具有良好的精度[66]。

1.4.3　金属橡胶热物理性能模型研究

　　金属橡胶由各种牌号的不锈钢丝、合金丝等经复杂工艺制备而成，故金属橡胶的宏观性能也就由金属丝线匝的空间交错咬合状态和它本身的物理机械性能所决定。当环境温度改变时，金属丝本身的力学性能如弹性模量和强度等，以及物理特性如丝线体积和丝线摩擦系数将会发生相应的变化，从而影响金属橡胶的宏观性能，如弹性变形、阻尼耗能及疲劳损伤性能等。金属橡胶独有的结构特性使其具有作为隔热材料的应用潜力。一方面，当热量通过气孔中的气态介质传递时，极低的导热系数减慢了传递速度。另一方面，当热量通过金属丝传递时，由于传热路径长且接触紧密，导热速率同样被抑制。然而，目前仍然缺乏准确的模型对金属橡胶的传热性能进行预测与评估。

　　俄罗斯萨马拉国立航空航天大学在对金属橡胶材料薄壁制品进行工艺、流体力学和毛细管研究的基础上，利用热管几何尺寸和管芯结构参数(芯厚度、线直径、螺旋直径等)来确定传热特性，并进行了试验验证；提出了一种用金属橡胶材料制作的各向同性结构灯芯热管传热特性的计算方法[67,68]。北京航空航天大学能源与动力工程学院以金属橡胶材料内部微元体结构为基础，利用热膨胀理论和热电比拟法，并结合有限元法分析微元体结构的热膨胀和热传导性能；以金属橡胶内部微元体的接触状态为基础，分析不同接触状态下螺旋卷单元体的热物理关系，如图 1-16 所示；结合 Schapery 模型和比等效相同法则，从而建立了金属橡胶材料的热膨胀和热传导分析模型，并结合相关热物理试验，为金属橡胶材料在热防护领域的应用提供了理论和试验基础[69]。中国石油大学通过分析金属橡胶微观结构，建立其导热微单元体模型，合理简化其导热过程，理论推导金属橡胶当量导热系数，并采用 HotDisk 热物性分析仪测量不同参数金属橡胶的导热系数，试验与理论相结合分析其各微观参数对其导热性能的影响，简化理论推导公式[70]。哈尔滨工业大学利用最小热阻力法则建立了金属橡胶材料的导热模型，推导了金属橡胶等效导热系数计算公式；分析了金属橡胶密度、金属丝直径、螺旋卷直径等参数对其导热性能的影响规律[71]。福州大学金属橡胶与振动噪声研究所采用结构离散的方法从金属橡胶整体模型中提取出具有结构特征

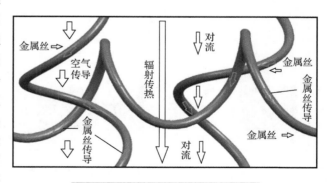

图 1-16　金属橡胶材料内部传热过程

的代表性螺旋单元，从而统计其轴线角、迂曲度等特征参数。在此基础上，通过热电比拟法对金属橡胶进行数值重构，并结合螺旋单元间的串、并联关系构建金属橡胶的热阻网络模型，从而研究结构参数对其传热性能的影响，并预测其有效导热系数[72]。

1.5　金属橡胶主要应用领域概述

金属橡胶因具有高阻尼、高弹性、刚度可设计、环境适应性强、高吸声系数等优异性能，可以满足航空航天、航海及民用机械在特殊工况下的减振防护需求。根据金属橡胶的组织结构特点，并参考目前学者的研究应用，如图 1-17 所示，金属橡胶潜在的应用前景主要包括八方面：阻尼减振、吸声降噪、节流调压、热管技术、密封技术、过滤技术、生物医疗和电磁应用。虽然我国学者在金属橡胶的研究上取得了一些成果，但是对于金属橡胶制备工艺、力学性能、本构关系模型以及工程应用研究，仍然处于起步阶段，还有很多问题亟待进一步研究和探讨。从目前国内应用情况来看，阻尼减振仍然是其最主要、最成熟的应用领域。

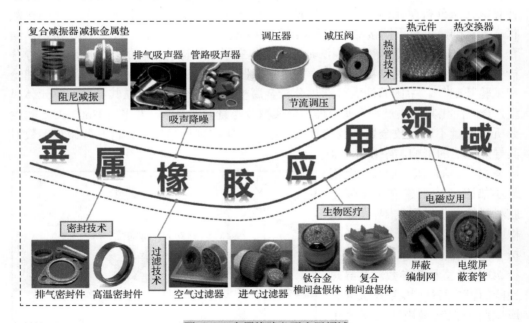

图 1-17　金属橡胶主要应用领域

1.5.1　阻尼减振

金属橡胶的弹性、毛细多孔结构、在高/低温条件下良好的工作能力以及不受限制的保存期，决定了它在轴承工业、需要减振的装置和系统中有很高的使用效率。与此同时，金属橡胶还拥有抗老化、耐辐照、抗粒子撞击、耐腐蚀、不惧高低温等优良特性，极具空天机载设备减振的应用潜力。20 世纪 60 年代起，美国和苏联先后将金属网状材料应用于军用设备的减振和缓冲装置上。得克萨斯 A&M 大学涡轮机械实验室研制了可供航天发动机转子轴承使用的金属网状箔片阻尼结构，并研究了金属丝材质、金属丝网轴向径向的厚度对该网状箔片结构的动态力学特性的影响[73,74]。美国 ISW 公司将金属网状缓冲装置的拓展应用到航天设备的管道隔振支架上。俄罗斯学者 Lazutkin 等[75]在美方技术的基础上改良了金属网状阻尼材料的细观结构，提出了一种将螺旋线卷缠绕后冷冲压的金属橡胶新工艺，并将其成功应用于航空发动机管路的隔振装置上。Lazutkin 等不仅将原有金属丝网结构的承载性能和阻尼性能进一步提高，也奠定了现有空间螺旋线匝结构金属橡胶的雏形。

由于受到技术封锁，国内金属橡胶的研究起步落后于欧美和俄罗斯等国家和地区。直至 20 世纪 90 年代中叶，金属橡胶材料及其制备技术才传入国内并逐步引起重视。哈尔滨工业大学的姜洪源教授所在团队[67,68]与俄罗斯萨马拉国立航空航天大学飞行器发动机系开展了合作，利用金属橡胶改善了航空发动机的振动状况。北京航空航天大学的马艳红教授等[76]提出一种基于金属橡胶材料的新型航天无油润滑转子弹性支承阻尼结构，并对其进行了试验评估。福州大学和中国人民解放军陆军工程大学围绕金属橡胶的工艺路线[77]、性能表征[78]以及工程应用[79]进行了长期深入的研究，设计了一种装有密封壳体的航天器机载精密仪器用特种金属橡胶减振器，并在实际工况中验证了其可靠性[80]。哈尔滨工程大学的邹广平教授等[81]深入研究了金属橡胶扫频和随机振动之间的关系，并建立了随机振动响应的预测公式。中北大学的杨坤鹏教授等[59]通过模型对金属橡胶的非线性特性进行了研究、分析和预测，其结果能够准确地描述金属橡胶隔振器的动态特性。

1.5.2　吸声降噪

为了满足航空航天及国防武器装备等特殊应用环境下吸声降噪的需求，非常迫切地需要开展对具有工作温度范围大、抗腐蚀、强度高及使用寿命长等特性的多孔吸声材料及其性能的系统研究。多位学者的深入研究表明，作为弹性多孔材料的金属橡胶，能够满足特殊环境下的吸声降噪需求。姜洪源等[82,83]利用驻波管法，研究了金属橡胶材料结构参数对其吸声性能的影响，研究表明，在平均孔隙直径相同的情况下金属橡胶试件具有相同的吸声特性。在之后的研究中又借助吸声性能参数的理论计算公式，分析了驻波管测试仪的主要误差来源，确定了提高测量精度的方法，为金属橡胶吸声性能的试验研究提供了基础。

奚延辉等[84]对金属橡胶材料的吸声性能进行了试验研究,结果表明,当厚度一定时,孔隙率在 0.75 左右具有最好的吸声性能,同时吸声材料背腔空气层有利于增强低频吸声效果。武国启等[85,86]对金属橡胶材料单层结构吸声特性进行了研究,结果表明,流阻率是决定金属橡胶材料声学特性最基本的参数,增加材料厚度或流阻率可以提高材料的低频吸声性能,增加空气层厚度是提高吸声结构低频吸声性能的有效方法。在之后的工作中又研究了金属橡胶材料双层结构的吸声特性,研究表明,第一共振频率主要取决于吸声结构总厚度和第一层材料的流阻率。胡志平等[87]引入 Kolmogorov 的关于湍流的局部各向同性概念,对金属橡胶材料的吸声特性进行定量分析,研究表明,在其他条件相同的情况下,金属橡胶的能量耗散率随其孔隙率增大而增大,而其能谱密度随着激励频率的增高而降低,为进一步研究金属橡胶等超轻金属多孔材料的动态特性提供了一种有效的定量分析方法。

1.5.3　节流调压

利用金属橡胶的多孔性可以制造性能优良的减压阀和调压器,用于火箭发动机和气动液压系统。由于金属橡胶独特的内部多孔连通特性,且有效孔隙率高,当流体流经金属橡胶材料内部孔隙时,流体遇阻压力下降,且流体的脉冲波动会得到抑制。由金属橡胶制成的调压器不仅工作稳定可靠,环境适应能力强,且可以通过调节金属橡胶元件的高度改变金属橡胶的孔隙率,实现流体压力的连续调节。与传统调压器相比,金属橡胶节流调压器制作更简便,重复利用率高,通过选择不同直径的金属丝并压制成不同孔隙率的试件,可制成不同性能的构件以满足实际工程需要。

夏宇宏等[88]对金属橡胶元件的节流性能进行测定,结果表明,金属橡胶多孔材料的最大孔径与孔隙率成指数关系,与金属丝直径近似成线性关系,对揭示金属橡胶多孔材料节流机理起到了重要的推动作用。此后,夏宇宏等[89]以达西(Darcy)定律为基础,推导出层流状态下金属橡胶材料的雷诺方程,为金属橡胶材料在节流领域的进一步应用研究奠定了理论研究和试验研究的基础。Zhizhkin 等[90]认为当前通过金属橡胶内部结构中水力学方程的水力(平均)直径来理解材料结构对其流体动力学特性的影响是不完整的,于是该团队利用由金属橡胶材料制成的厚壁和薄壁多孔结构进行试验分析,结果表明,多孔结构的相对几何尺寸对其平均直径影响很大,同时提出了利用多孔材料宏观结构的不均匀性参数来精确计算水力损失,为确定多孔结构参数,从而确定工作液的调压过程提供了一定的理论指导。

1.5.4　热管技术

金属橡胶独特的结构效应赋予了其可设计的热物理性能,在高温环境下具有隔热散热、阻燃防爆等应用潜力。带有金属橡胶芯衬的热管在传热和使用性能方面优于传统的热交换装置，应用可流过不同热载体（从液氨到熔盐和熔融金属）的金属橡胶芯衬可制造出具有良好传热性能的热管。

俄罗斯萨马拉国立航空航天大学的 Belousov 等[91]针对热管在使用过程中的传热特性，分析了热管的设计过程，在对金属橡胶材料薄壁制品进行工艺、流体力学和毛细管研究的基础上，利用热管几何尺寸和管芯结构参数（芯厚度、线直径、螺旋直径等）来确定传热特性，并进行了试验验证。付翠亭[70]采用数量相等的水平/垂直微元模型构建了金属橡胶热阻网络并计算了其有效导热系数。然而，没有任何金属橡胶材料具有如此理想的结构和布局。因此，这种近似模型的准确性相对较差。考虑到这一点，马艳红等[69]提出了金属橡胶的热导率分析模型，并通过高温瞬态试验测试了不同相对密度样品的有效导热系数。结果表明，瞬态法可以忽略传热边界条件的影响，准确测量金属橡胶的有效导热系数，但它也有试验周期长、成本高等缺点。有限元法适用于模拟复杂结构物体在耦合环境中的行为，因此在金属橡胶热学研究中具有方便和经济的天然优势。对此，宁双[92]对金属橡胶密封件的压缩过程进行了热固耦合仿真分析。聂静[93]则通过有限元分析研究了金属橡胶所包覆的高温钢管的散热过程。

1.5.5 密封技术

由于金属橡胶密封环结构中没有任何普通橡胶，所以它特别适用于高低温、大温差及腐蚀环境下的密封需要。理论和应用研究都证明，在特种工况下金属橡胶密封环所表现出的良好密封性能是普通橡胶密封环无法比拟的。因此，金属橡胶密封环在航空航天、国防及民品特种工况中具有广阔的需求市场。

为了解决航空发动机高温密封的难题，闫辉等[94]提出了大直径小截面金属橡胶密封环的制备方法，保证了小截面金属橡胶密封件的螺旋卷之间牢固嵌合，其开发研制的无限长螺旋卷成形机，解决了大直径金属橡胶密封环弹性元件金属丝接头过多，易造成空间污染的问题，通过对金属橡胶密封构件的设计计算进行深入研究，分析了金属橡胶密封构件的工作机理和失效形式，为密封件的设计提供了理论依据。夏宇宏等[95]对金属橡胶与聚四氟乙烯组合型密封环的结构设计、制备工艺、密封机理及性能等方面进行了分析，并对样件进行了模拟试验研究，推导了组合型密封环的接触变形量及接触压力的计算公式，为金属橡胶密封件的进一步应用奠定了可靠的基础。敖宏瑞等[96]提出了一种确定 O 形密封圈接触状态及径向到轴向压力传递系数的计算方法，模拟了接触界面上的压力分布为抛物线分布，计算结果与试验结果吻合较好，为 O 形环密封参数的确定提供了一定的理论指导。姚伟[11]研究了金属橡胶静密封系统失效的原因，通过试验与有限元仿真分析，并基于试验和仿真的数据计算出密封件的可靠度函数，并通过该函数对金属橡胶密封件的工作寿命进行了预测。王亮[97]研究了不同相对密度的金属橡胶试样的应力及应变之间的关系，阐述了金属橡胶材料的弹性模量、泊松比等力学性能参数，并针对某一种相对密度推导了弹性模量与泊松比的计算关系式，建立了金属橡胶密封系统的简化力学模型，进一步推导了理论计算模型。姜旸等[98]研究了针对 W 形金属密封环综合性能优化的方法，通过稳定性、密封性和回弹性三方面的分析，验证方法的可行性。

1.5.6　过滤技术

金属橡胶可以作为滤材使用是由它的固有特性决定的：金属橡胶具有很高的孔隙率，即其内部孔洞之间是相互连通的，从而延长了阻塞前金属橡胶过滤元件的寿命；对于一般过滤元件、粒子或者外来的杂质能够截断或损坏其网孔，而金属橡胶过滤元件的工作能力不会受到这种影响。侯军芳等[99]根据金属橡胶材料内部结构的特点，分析了金属橡胶滤材对液体中杂质的过滤机制，通过对不同工艺的金属橡胶元件进行过滤试验以及测试液体过滤前后的污染度等级，分析了金属橡胶金属丝直径、孔隙率和试件长度对过滤性能的影响。

姜洪源等[100]进行了金属橡胶过滤介质流体力学特性试验，结合试验数据分析和理论推导，得到了清洁流体流过金属橡胶过滤介质时的压力损失表达式。国亚东等[101]使用汞压法对金属橡胶滤材孔径分布进行研究发现，随着孔隙率的增大，金属橡胶孔隙结构的均匀性降低，在对金属橡胶孔隙特征参数进行计算时，需要对孔径分布做出合理改变，采用被截断的正态分布。此外，姜洪源等[102]还通过对金属橡胶微观结构进行分析简化，采用统计的方法推导出了金属橡胶过滤材料最大孔径的理论公式。国亚东等[103-105]采用"多次通过"液压过滤器的试验方法，讨论并得到了金属橡胶滤材的过滤精度与其水力直径和成形厚度的关系以及不同孔隙率和不同金属丝直径对滤材过滤性能的影响；并且从压降流量特性、过滤效率和纳污容量等方面对空心圆柱和实心圆柱金属橡胶的过滤性能进行了比较，结果表明，空心圆柱金属橡胶在作为滤材使用时具有寿命长、过滤压降较低的优点，在到达其极限压降前能够容纳更多污物。

机械系统中的油不仅含有固体杂质，也可能混入水等液体杂质。在这种情况下，如果金属橡胶过滤不能去除液体杂质，则油的损失和机械设备的磨损会日益加剧。针对上述问题，福州大学金属橡胶与振动噪声研究所[13]首次提出了一种简单的化学腐蚀方法和一种简单的改性方法，使由不锈钢丝制成的金属橡胶表面具有超疏水性，而对油具有很强的吸附性，实现了油水分离，同时又能增强其耐腐蚀性。同课题组的杨宇博士等[14]采用一步蚀刻法制备了超亲水性和水下超疏油金属橡胶，该改性金属橡胶能在重力驱动下高效、快速地分离机械中常用的几种油(汽油、柴油、发动机油、煤油)的油水混合物,改性后的金属橡胶还具有良好的耐热性和耐腐蚀性,这为金属橡胶用于油水混合物的分离开辟了一条新的途径,扩展了其在过滤中的应用。

1.5.7 生物医疗

多孔钛材料可以为骨的生长、血管化和营养物质的输送提供速度,这对骨的传导能力、骨与骨融合的潜力和能力都是有益的,它们的力学性能,如强度、刚度、韧性、柔韧性,以及人体的疲劳寿命、环境等,是外科植入物的关键因素。

上海交通大学的谭庆彪团队[106-110]针对金属橡胶在生物医疗方面的应用做了非常多的工作,主要从弯曲和压缩力学性能、变形和破坏模式等方面研究了不同孔隙率的缠结钛材料,并且综合研究了烧结工艺参数对材料力学性能和孔隙率降低的影响。结果表明,随着孔隙率的降低,材料的弯曲和压缩力学性能均有显著提高,冲击韧性随孔隙率的降低而增大,剪切强度和剪切模量都降低,从而为生物医学应用开发了一种具有缠结线结构的多孔钛材料。但由于结构的灵活性,其刚度低于传统多孔钛。为了提高结构的刚度,纠缠结构中的自由交叉节点必须固定,Liu 等[111,112]研制了具有纠缠丝结构的多孔钛材料,为了提高结构的刚度,提出了以医用高分子聚甲基丙烯酸甲酯(PMMA)为黏结剂的方法,固定交叉丝节点,而且通过试验研究了 PMMA 增强多孔钛的拉伸力学性能,结果表明,该方法比烧结法更有效,达到了约 1GPa 的拉伸弹性模量,而孔隙率从 55%下降到 53.4%。虽然有部分 PMMA 包覆在钛丝表面,但其仍然保持了较好的平均孔径和良好的连通性,这对骨移植的应用非常有益。为了便于实际参考,He 等[113]报道了一组多孔结构与其力学性能的详细数据,这种材料非常有望用于植入物,因为它们具有非常好的韧性、高强度、足够的弹性模量和低成本。

1.5.8 电磁应用

金属橡胶的导电性能优异,可以用来制备电磁屏蔽装置,克服了一般金属填充橡胶制备的电磁屏蔽材料自身易氧化、成本高等缺点,兼具导电性和吸收电磁波的能力,并且密度小、性能稳定,可制备轻质电磁屏蔽金属橡胶。

马艳红等[114]首次提出了一种新型软磁缠绕金属丝材料,并对其用软磁金属丝制作的样品进行了制造和准静态试验,该材料的剪切模量、损耗因子等性能在磁场中可以快速、可逆地调节。在后续的研究中又通过动态试验,描述了一种新型软磁缠绕金属线材料(SM-EMWM)的动态特性,研究了三批不同孔隙率的 SM-EMWM 在不同磁场强度、不同动载荷作用下的力学性能。结果表明,其存储模量和损耗因子在磁场中具有良好的可控磁响应,SM-EMWM 作为磁敏智能材料具有很好的应用前景[27]。

综上所述，经过我国科技工作者长期的理论与试验研究的工作积累，金属橡胶正逐步从实验室走向产业化发展阶段。福州大学金属橡胶与振动噪声研究所经过二十余年的不懈努力，掌握了金属橡胶制备的核心技术，建立了金属橡胶性能分析与表征、组织结构优化与设计的科学理论，发展了金属橡胶工程应用的技术理论，初步建立了适应高技术装备减振缓冲需求的金属橡胶设计技术的材料体系。同时，该研究所与国防和地方企业合作，建立了金属橡胶产、学、研示范基地，为金属橡胶在高技术装备中的产业化应用做出了重要贡献。目前，该研究所研制的金属橡胶制品在空间大型机械臂及天线、卫星激光角反射器、探空火箭朗缪尔探针、航空发动机管路减振、作战飞机电子仪器设备及火控系统、无人侦察机光电平台、大型水面战舰光电装置、潜艇光电桅杆及辅助设备与管路、鱼雷发射及动力装置、特大型变压器、地震及台风多发地区的输变电塔架、安装有精密设备的建筑等方面得到了批量应用，使得国内金属橡胶材料研究领域存在的"实验室出的论文很多，能够批量化实际应用的成果少"的窘境得到了一定程度的改观，也为推动我国金属橡胶行业的科技进步做出了重要的贡献[115,116]。

另外，哈尔滨工业大学[74,117-119]在推动金属橡胶工程应用方面也做了大量的工作，其研制的金属橡胶阻尼环、发动机隔振器在飞机起落架、潜艇设备及工业装备中得到了一些实际应用。西安交通大学[120]研制的弹道导弹惯性平台缓冲减振金属橡胶隔振器，北京航空航天大学[121]研制的带有金属橡胶外环的自适应挤压油膜阻尼器、带有金属橡胶的航空发动机转子阻尼器，湖北航天技术研究院总体设计所[122]研制的空间飞行器仪器用金属橡胶减振器，以及西安工业大学[123]研制的35mm自行高炮反后坐装置的金属橡胶新型缓冲器等都在工程中得到一定的应用。近年来，福州大学金属橡胶与振动噪声研究所[12,15,124,125]在电梯曳引机减振的金属橡胶复合材料力学性能研究、大环径比O形金属橡胶密封件力学性能研究、基于金属橡胶的二级减振系统设计及其力学性能研究、基于金属橡胶的大载荷准零刚度隔振器力学性能研究以及金属橡胶颈椎间盘设计及其生物力学研究等方面做了大量的工作，有力地推动了金属橡胶在民用工业中的实际工程应用。

从总体来看，由于普遍存在金属橡胶材料设计技术相对落后，目前难以适应规模化生产的金属橡胶制备工艺技术水平，再加上目前对金属橡胶这种新型材料的认识还不够深入，没能引起社会的广泛重视，推广应用工作还需进一步加大力度。为此，本书的出版，在一定程度上可以减缓该材料的设计困境。随着我国国力的不断增强、科学技术的不断进步，金属橡胶行业正迎来一个快速发展的历史机遇，也必将在我国国防和经济建设中发挥越来越大的作用。

参 考 文 献

[1]　李贵军, 王乐勤, 郑传祥. 高温设备和构件的蠕变损伤和断裂研究进展[J]. 化工机械, 2004, 31(2): 119-124.

[2]　张有华. 高压机械密封的设计与应用[J]. 流体机械, 2005, 33(2): 5-8.

[3]　CARRASCAL I A, PÉREZ A, CASADO J A, et al. Experimental study of metal cushion pads for high speed railways[J]. Construction and building materials, 2018, 182: 273-283.

[4]　HADDEN S, DAVIS T, BUCHELE P, et al. Heavy load vibration isolation system for airborne payloads[C]. The International Society for Optical Engineering, 2001, 4332: 171-182.

[5]　切戈达耶夫. 金属橡胶构件的设计[M]. 李中郢, 译. 北京: 国防工业出版社, 2000.

[6]　陈建烨. 金属橡胶减振特性研究及在发动机管路中的应用[D]. 哈尔滨: 哈尔滨工业大学, 2017.

[7]　李拓, 白鸿柏, 路纯红, 等. 金属橡胶的研究进展及其应用[J]. 新技术新工艺, 2013(3): 85-90.

[8]　ZHU Y, WU Y W, BAI H B, et al. Research on vibration reduction design of foundation with entangled metallic wire material under high temperature[J]. Shock and vibration, 2019, (4): 1-16.

[9]　李拓, 白鸿柏, 路纯红. 金属橡胶复合材料的低频吸声性能[J]. 机械工程材料, 2017, 41(7): 39-42.

[10]　白鸿柏, 詹智强, 任志英. 金属橡胶声学性能研究进展与展望[J]. 振动与冲击, 2020, 39(23): 242-254.

[11]　姚伟. 金属橡胶密封件失效模型及性能退化研究[D]. 哈尔滨: 哈尔滨工业大学, 2017.

[12]　陈祺鑫, 黄伟, 任志英, 等. 大环径比 O 形金属橡胶密封件的疲劳力学特性及试验研究[J]. 摩擦学学报, 2021, 41(3): 293-303.

[13]　REN Z Y, WEN G, GUO Z G. Biomimetic high-intensity superhydrophobic metal rubber with anti-corrosion property for industrial oil-water separation[J]. New journal of chemistry, 2019, 43(4): 1894-1899.

[14]　YANG Y, REN Z Y, ZHAO S Y, et al. One-step fabrication of thermal resistant, corrosion resistant metal rubber for oil/water separation[J]. Colloids and surfaces A: physicochemical and engineering aspects, 2019, 573: 157-164.

[15]　REN Z Y, HUANG J F, BAI H B, et al. Potential application of entangled porous titanium alloy metal rubber in artificial lumbar disc prostheses[J]. Journal of bionic engineering, 2021, 18(3): 584-599.

[16]　王少纯, 邓宗全, 高海波, 等. 月球着陆器用金属橡胶高低温力学性能试验研究[J]. 航空材料学报, 2004, 24(2): 27-31.

[17]　NING S K, JIA L, MA B J. Optimization model of metal rubber buffer on artillery[J]. Applied mechanics and materials, 2012, 271-272: 237-241.

[18]　林臻, 李国璋, 白鸿柏, 等. 金属橡胶在模拟海洋环境中的腐蚀行为及阻尼性能[J]. 机械工程材料, 2014, 38(10): 69-73.

[19]　周涛, 贾地, 高晟耀, 等. 舰艇高温管路热振耦合试验系统研制[J]. 计算机测量与控制, 2021, 29(5): 136-140.

[20]　孙杨, 昌敏, 白俊强. 变形机翼飞行器发展综述[J]. 无人系统技术, 2021, 4(3): 65-77.

[21]　曹凤利, 黄凯, 白鸿柏, 等. 金属橡胶材料理论建模与实验研究[M]. 北京: 北京理工大学出版社, 2021.

[22]　陈晖. 金属橡胶缠绕成型工艺及设备研究[D]. 西安: 西安工业大学, 2014.

[23]　梁倩倩. 金属橡胶螺旋卷成型工艺及机构研究[D]. 西安: 西安工业大学, 2014.

[24]　REN Z Y, SHEN L L, BAI H B, et al. Study on the mechanical properties of metal rubber with complex contact friction of spiral coils based on virtual manufacturing technology[J]. Advanced engineering materials, 2020, 22(8): 2000382.

[25]　MA Y H, ZHANG Q C, ZHANG D Y, et al. Experimental investigation on the dynamic mechanical properties of soft magnetic entangled metallic wire material[J]. Smart materials and structures, 2017, 26(5): 055019.

[26]　MA Y H, GAO D, ZHANG D Y, et al. Compressive and dissipative behavior of metal rubber under constraints[J].

Physica status solidi（b），2015，252（7）：1675-1681.

[27] DUMITRIU M, CRACIUN C. Modelling of the rubber-metal suspension components in the railway vehicle dynamics simulations[J]. Materiale plastice, 2016, 53（3）：382-385.

[28] COURTOIS L, MAIRE E, PEREZ M, et al. Mechanical properties of monofilament entangled materials[J]. Advanced engineering materials,2012,14（12）：1128-1133.

[29] GADOT B, MARTINEZ R O, ROSCOAT D R S, et al. Entangled single-wire NiTi material: a porous metal with tunable superelastic and shape memory properties[J]. Acta materialia, 2015, 96: 311-323.

[30] MA Y H, ZHANG Q C, WANG Y F, et al. Topology and mechanics of metal rubber via X-ray tomography[J]. Materials & design, 2019, 181: 108067.

[31] 黄明吉, 李斌, 董秀萍. 基于三维骨架细化的金属橡胶三维建模方法研究[J]. 材料导报, 2022, 36（1）：178-182.

[32] DURVILLE D. Numerical simulation of entangled materials mechanical properties[J]. Journal of materials science, 2005, 40（22）：5941-5948.

[33] BARBIER C, DENDIEVEL R, RODNEY D. Numerical study of 3D-compressions of entangled materials[J]. Computational materials science, 2009, 45（3）：593-596.

[34] RODNEY D, Gadot B, Martinez R O, et al. Reversible dilatancy in entangled single-wire materials[J]. Nature materials, 2016, 15（1）：72-77.

[35] 董秀萍, 黄明吉, 李星逸, 等. 金属橡胶可变形材料三维参数化实体建模研究[J]. 材料科学与工艺, 2010, 18（6）：785-790.

[36] 黄凯, 白鸿柏, 路纯红, 等. 金属橡胶冲压成形数值模拟分析[J]. 稀有金属材料与工程, 2016, 45（3）：681-687.

[37] CAMPOS L T, ODEN J T, KIKUCHI N. A numerical analysis of a class of contact problems with friction in elastostatics[J]. Computer methods in applied mechanics and engineering, 1982, 34（1-3）：821-845.

[38] 温卫东, 高德平. 接触问题数值分析方法的研究现状与发展[J]. 南京航空航天大学学报, 1994, 26（5）：664-675.

[39] MAZURKIEWICZ M, OSTACHOWICZ W. Theory of finite element method for elastic contact problems of solid bodies[J]. Computers & structures, 1983, 17（1）：51-59.

[40] 苏岚, 王先进, 唐荻, 等. 有限元法处理金属塑性成型过程的接触问题[J]. 塑性工程学报, 2000, 7（4）：12-15.

[41] HALLQUIST J O, WAINSCOTT B, SCHWEIZERHOF K. Improved simulation of thin-sheet metalforming using LS-DyNA3D on parallel computers[J]. Journal of materials processing technology, 1995, 50（1-4）：144-157.

[42] PAPADOPOULOS P, TAYLOR R L. A simple algorithm for three-dimensional finite element analysis of contact problems[J]. Computers & structures, 1993, 46（6）：1107-1118.

[43] BELYTSCHKO T, YEH I S. The splitting pinball method for contact-impact problems[J]. Computer methods in applied mechanics and engineering, 1993, 105（3）：375-393.

[44] 李润方, 龚剑霞. 接触问题数值方法及其在机械设计中的应用[M]. 重庆：重庆大学出版社, 1991.

[45] 沈亮量. 基于虚拟制备技术的金属橡胶的力学性能研究[D]. 福州：福州大学, 2021.

[46] 白鸿柏, 路纯红, 曹凤利, 等. 金属橡胶材料及工程应用[M]. 北京：科学出版社, 2014.

[47] 白鸿柏, 黄协清. 含有三次非线性的粘性阻尼双线性滞迟隔振系统[J]. 振动与冲击, 1998, 17（1）：5-8.

[48] 李明森, 吴新跃, 张文群, 等. 金属橡胶的角锥模型及有限元分析[J]. 机械科学与技术, 2009, 28（6）：779-782.

[49] TAN Q B, LIU P, DU C L, et al. Mechanical behaviors of quasi-ordered entangled aluminum alloy wire material[J]. Materials science and engineering: A, 2009, 527（1/2）：38-44.

[50] LI Y Y, HUANG X Q. Research on vibration-reduced characteristics for dry-friction damping material of metallic rubber[J]. Applied mechanics and materials. 2011, 110-116: 1125-1130.

[51] 彭威, 白鸿柏, 郑坚, 等. 金属橡胶材料基于微弹簧组合变形的细观本构模型[J]. 实验力学, 2005, 20（3）：455-462.

[52] 朱彬, 马艳红, 洪杰. 金属橡胶刚度阻尼模型理论分析[J]. 北京航空航天大学学报, 2011, 37（10）：1298-1302.

[53]　CAO F L, BAI H B, LI D W, et al. A constitutive model of metal rubber for hysteresis characteristics based on a meso-mechanical method[J]. Rare metal materials and engineering, 2016, 45(1): 1-6.

[54]　李宇燕, 黄协清, 宋凯. 金属橡胶非线性干摩擦副的接触作用机理及其仿真结果分析[J]. 振动与冲击, 2011, 30(7): 77-81.

[55]　董秀萍, 刘国权, 牛犁, 等. 金属橡胶隔振构件中不锈钢丝的微动摩擦磨损性能研究[J]. 摩擦学学报, 2008, 28(3): 248-253.

[56]　DONG X P, HUANG M J, FENG T, et al. Experiment research on sound absorption performance of metal rubber materials[J]. Advanced science letters, 2011, 4(3): 973-976.

[57]　卢成壮, 李静媛, 周邦阳, 等. 金属橡胶的刚度特性和阻尼试验研究[J]. 振动与冲击, 2017, 36(8): 203-208.

[58]　周艳国, 屈文忠. 金属橡胶非线性动力学特性建模方法研究[J]. 噪声与振动控制, 2013, 33(1): 31-36.

[59]　杨坤鹏, 樊文欣, 朱家萱. 金属橡胶隔振器的非线性响应特性[J]. 科学技术与工程, 2017, 17(28): 176-180.

[60]　余慧杰, 许亚辉, 刘文慧. 常用金属橡胶静刚度理论模型比较研究[J]. 功能材料, 2017, 48(11): 11141-11146.

[61]　王光远, 郑钢铁, 韩潮. 金属橡胶动力学建模的频域方法[J]. 宇航学报, 2008, 29(2): 499-504.

[62]　张玲凌, 杨智春, 孙浩. 一类金属橡胶阻尼器的建模与参数识别[J]. 机械科学与技术, 2007, 26(5): 558-562.

[63]　敖宏瑞, 姜洪源, 夏宇宏, 等. 金属橡胶弹性迟滞回线的一种新的建模方法[J]. 中国矿业大学学报, 2004, 33(4): 453-456.

[64]　曹凤利, 白鸿柏, 李冬伟, 等. 基于细观力学方法的金属橡胶迟滞特性本构模型[J]. 稀有金属材料与工程, 2016, 45(1): 1-6.

[65]　曹凤利, 白鸿柏, 李冬伟, 等. 金属橡胶非成形方向迟滞特性力学模型研究[J]. 机械工程学报, 2015, 51(2): 84-89.

[66]　张彬, 任志英, 白鸿柏, 等. 空心圆柱形金属橡胶非成型向阻尼特性理论研究及参数识别[J]. 振动与冲击, 2021, 40(4): 243-249.

[67]　姜洪源, 董春芳, 敖宏瑞, 等. 航空发动机用金属橡胶隔振器动静态性能的研究[J]. 航空学报, 2004, 25(2): 140-142.

[68]　AO H R, JIANG H Y, ULANOV A M. Dry friction damping characteristics of a metallic rubber isolator under two-dimensional loading processes[J]. Modelling and simulation in materials science and engineering, 2005, 13(4): 609-620.

[69]　马艳红, 仝小龙, 朱彬, 等. 金属橡胶热物理性能理论与试验研究[J]. 物理学报, 2013, 62(4): 470-479.

[70]　付翠亭. 金属橡胶孔隙结构与导热性能关系研究[D]. 东营: 中国石油大学(华东), 2013.

[71]　邱琳淞. 半主动振动控制 SMA-MR 隔振系统性能研究[D]. 哈尔滨: 哈尔滨工业大学, 2021.

[72]　ZHOU T, FANG R Z, JIA D, et al. Numerical and experimental evaluation for density-related thermal insulation capability of entangled porous metallic wire material[J]. Defence technology, 2023, 23: 177-188.

[73]　ANDRES L S, CHIRATHADAM T A. Identification of rotordynamic force coefficients of a metal mesh foil bearing using impact load excitations[J]. Journal of engineering for gas turbines and power, 2011, 133(11): 112501.

[74]　CHIRATHADAM T A, ANDRES L S. Measurements of rotordynamic response and temperatures in a rotor supported on metal mesh foil bearings[C]. Proceedings of ASME turbo expo 2013: turbine technical conference and exposition, San Antonio, 2013.

[75]　LAZUTKIN G V, DAVYDOV D P, BOYAROV K V, et al. Elastic, frictional, strength and dynamic characteristics of the bell shape shock absorbers made of MR wire material[J]. IOP conference series: materials science and engineering, 2018, 302(1): 012073.

[76]　MA Y H, ZHANG Q C, ZHANG D Y, et al. Tuning the vibration of a rotor with shape memory alloy metal rubber supports[J]. Journal of sound and vibration, 2015, 351: 1-16.

[77] 黄凯, 白鸿柏, 路纯红, 等. 复杂构型金属橡胶毛坯铺设路径规划[J]. 航空动力学报, 2018, 33(7): 1575-1583.

[78] 肖坤, 白鸿柏, 薛新, 等. 金属橡胶包覆管路阻尼结构减振性能研究[J]. 振动与冲击, 2019, 38(23): 239-245, 258.

[79] 吴荣平, 白鸿柏, 路纯红. 环形金属橡胶的径向压缩性能及力学模型分析[J]. 机械科学与技术, 2018, 37(4): 635-640.

[80] 白鸿柏, 路纯红, 李冬伟, 等. 航天器用特种金属橡胶减振器[P]: 中国, CN105090312A. 2015-11-25.

[81] 邹广平, 刘泽, 程贺章, 等. 预紧量与振动量级对金属橡胶减振器振动特性影响研究[J]. 振动与冲击, 2015, 34(22): 173-177, 191.

[82] 姜洪源, 武国启, 夏宇宏, 等. 金属橡胶材料特征参数对其吸声性能影响的实验研究[J]. 振动与冲击, 2007, 26(11): 54-58, 183.

[83] 武国启, 姜洪源, 闫辉, 等. 驻波管测试仪测量金属橡胶吸声性能误差分析[J]. 噪声与振动控制, 2007, 27(2): 109-112.

[84] 吴延辉, 陈天宁. 金属橡胶材料吸声性能的实验研究[J]. 机械科学与技术, 2008, 27(12): 1673-1676.

[85] 武国启, 闫辉, 夏宇宏, 等. 金属橡胶材料单层结构吸声特性研究[J]. 稀有金属材料与工程, 2010, 39(11): 1923-1927.

[86] 武国启, 敖宏瑞, 姜洪源. 金属橡胶材料双层结构吸声特性研究[J]. 振动与冲击, 2010, 29(7): 99-104, 239.

[87] 胡志平, 周汉, 吴九汇. 基于湍流类比的金属橡胶吸声特性定量分析[J]. 力学学报, 2012, 44(2): 197-204.

[88] 夏宇宏, 姜洪源, 李瑰贤, 等. 0Cr18Ni9Ti 金属橡胶多孔材料的气体渗透性[J]. 功能材料, 2004, 35(2): 267-270.

[89] 夏宇宏, 姜洪源, 敖宏瑞, 等. 圆柱形金属橡胶节流元件水力学特性参数计算[J]. 哈尔滨工业大学学报, 2005, 37(5): 584-586, 603.

[90] ZHIZHKIN A M, LAZUTKIN G V, DAVYDOV D P, et al. Influence of porous material MR structure on its flow characteristics[J]. IOP conference series: materials science and engineering, 2018, 302(1): 012074.

[91] BELOUSOV A I, ZHIZHKIN A M. Efficiency analysis of heat pipes with isotropic-structure wicks made of the MR material[J]. Russian aeronautics, 2009, 52(1): 1-7.

[92] 宁双. 低温环境金属橡胶密封系统热固耦合分析[D]. 哈尔滨: 哈尔滨工业大学, 2020.

[93] 聂静. 高温钢管包覆金属橡胶的散热过程计算机仿真[J]. 兵器材料科学与工程, 2021, 44(2): 24-28.

[94] 闫辉, 夏宇宏, 敖宏瑞, 等. 大直径小截面金属橡胶密封环制备方法的研究[J]. 润滑与密封, 2003, 28(4): 31-32, 36.

[95] 夏宇宏, 姜洪源, 阎辉, 等. 直角滑环式组合型金属橡胶密封件的密封机理及应用研究[J]. 宇航学报, 2003, 24(4): 404-409.

[96] AO H R, JIANG H Y, ZHAO H Y. Modeling and experimental study of linear expansion characteristics of metallic rubber material in sealing structure[C]. 2010 3rd international symposium on systems and control in aeronautics and astronautics, Harbin, 2010: 1228-1232.

[97] 王亮. 金属橡胶密封系统模型建立及仿真分析[D]. 哈尔滨: 哈尔滨工业大学, 2010.

[98] 姜旸, 索双富. W 形金属密封环工作状态下综合性能优化设计[J]. 润滑与密封, 2019, 44(1): 76-80.

[99] 侯军芳, 白鸿柏, 刘英杰, 等. 新型金属橡胶孔隙材料过滤机制与性能研究[J]. 润滑与密封, 2006, 31(4): 109-112.

[100] 姜洪源, 国亚东, 陈照波, 等. 0Cr18Ni9Ti 金属橡胶过滤介质的压力损失特性[J]. 功能材料, 2008, 39(10): 1646-1648, 1652.

[101] 国亚东, 夏宇宏, 陈照波, 等. 金属橡胶过滤材料孔径分布特性研究[J]. 过滤与分离, 2008, 18(2): 8-10.

[102] 姜洪源, 国亚东, 陈照波, 等. 0Cr18Ni9Ti 金属橡胶过滤材料最大孔径研究[J]. 稀有金属材料与工程, 2009, 38(12): 2116-2120.

[103] 国亚东, 闫辉, 夏宇宏, 等. 金属橡胶滤材过滤精度研究[J]. 功能材料, 2010, 41(8): 1387-1389.

[104] 国亚东, 闫辉, 夏宇宏, 等. 金属橡胶组合滤材过滤性能实验研究[J]. 功能材料, 2010, 41(4): 690-693.

[105] 国亚东, 闫辉, 夏宇宏, 等. 环形与圆柱形金属橡胶过滤性能对比研究[J]. 流体机械, 2010, 38 (7): 1-3, 31.

[106] TAN Q B, HE G. Stretching behaviors of entangled materials with spiral wire structure[J]. Materials Design, 2013, 46: 61-65.

[107] HE G, LIU P, TAN Q B, et al. Flexural and compressive mechanical behaviors of the porous titanium materials with entangled wire structure at different sintering conditions for load-bearing biomedical applications[J]. Journal of the mechanical behavior of biomedical materials, 2013, 28: 309-319.

[108] TAN Q B, HE G. 3D entangled wire reinforced metallic composites[J]. Materials science and engineering: A, 2012, 546: 233-238.

[109] LIU P, HE G, WU L H. Impact behavior of entangled steel wire material[J]. Materials characterization, 2009, 60 (8): 900-906.

[110] LIU P, HE G, WU L H. Structure deformation and failure of sintered steel wire mesh under torsion loading[J]. Materials Design, 2009, 30 (6): 2264-2268.

[111] LIU Y, JIANG G F, HE G. Enhancement of entangled porous titanium by BisGMA for load-bearing biomedical applications[J]. Materials science & engineering C, materials for biological applications, 2016, 61: 37-41.

[112] JIANG G F, HE G. Enhancement of the porous titanium with entangled wire structure for load-bearing biomedical applications[J]. Materials Design, 2014, 56: 241-244.

[113] HE G, LIU P, TAN Q B. Porous titanium materials with entangled wire structure for load-bearing biomedical applications[J]. Journal of the mechanical behavior of biomedical materials, 2012, 5 (1): 16-31.

[114] MA Y H, HU W Z, ZHANG D Y, et al. Tunable mechanical characteristics of a novel soft magnetic entangled metallic wire material[J]. Smart materials and structures, 2016, 25 (9): 095015.

[115] 黄凯. 基于数值模拟技术的金属橡胶优化设计和细观机理研究[D]. 石家庄: 中国人民解放军军械工程学院, 2017.

[116] 李玉红, 何忠波, 白鸿柏, 等. 光电吊舱无角位移被动减振系统研究[J]. 振动与冲击, 2012, 31 (16): 88-91, 97.

[117] JIANG H Y, ZHANG R H, XIA Y H. Stationary dynamic characteristics analysis of new squeezed film damper[J]. Chinese journal of mechanical engineering, 2006, 19 (3): 442-445.

[118] YAN H, ZHANG W J, JIANG H Y, et al. Energy dissipation of a ring-like metal rubber isolator[J]. Chinese physics B, 2014, 23 (4): 040702.

[119] 谢振宇, 牟伟兴, 窦忠才, 等. 金属橡胶环和磁悬浮阻尼器对磁轴承转子系统不平衡振动的影响[J]. 中国机械工程, 2010, 21 (6): 635-638.

[120] 刘桥. 金属橡胶材料的非线性特性及其在航天减振器中的应用[D]. 西安: 西安交通大学, 1997.

[121] 马艳红, 洪杰, 赵福安. 自适应挤压油膜阻尼器减振机理理论研究[J]. 北京航空航天大学学报, 2004, 30 (1): 5-8.

[122] 付密果, 刘源, 崔敏亮, 等. 空间飞行器用金属橡胶减振器[J]. 光学 精密工程, 2013, 21 (5): 1174-1182.

[123] 秦磊. 新型金属橡胶材料火炮缓冲器设计[D]. 西安: 西安工业大学, 2013.

[124] 梁翼, 任志英, 李成威, 等. 非成型向金属橡胶的大载荷管路减振器的阻尼耗能特性[J]. 福州大学学报 (自然科学版), 2022, 50 (1): 89-96.

[125] 任志英, 李金明, 杨洋洋, 等. 大环径比 O 形复合金属密封件制备工艺及静力学性能研究[J]. 润滑与密封, 2023, 48 (2): 16-22.

第 2 章   金属橡胶毛坯线匝空间分布模型

本章的核心内容是从金属橡胶内部结构设计的角度出发，介绍金属橡胶毛坯数值模型的生成方法，包括空间任意分布螺旋线匝参数化模型的构建、毛坯路径的规划生成方法等。

2.1   空间任意分布螺旋线匝参数化模型的构建

金属橡胶毛坯由定螺距拉伸的金属丝螺旋卷制成。毛坯中螺旋卷的基架线（螺旋卷轴线）一般不是直线，而是空间曲线。在建立毛坯数值模型之前，首先要对以空间曲线为基架线的弯曲螺旋线进行数学描述。为了突破在金属橡胶毛坯螺旋卷模型构建中难以连续、基架线轨迹单一的局限性，通过全局空间下任意定义的基架线参数方程来确定某一点的局部坐标系，以局部坐标系下目标点与其原点间的向量关系确定在全局坐标系下的目标值，采用这种空间坐标系的循环迭代机制并动态耦合罗德里格斯旋转矩阵，得到以任意空间曲线为基架线的具有多重螺旋机制的连续线匝参数化模型[1]。

2.1.1   建模方法

在建立毛坯数值模型之前，首先要对基架线进行参数化建模，若空间曲线 Γ 是某弯曲螺旋卷的基架线，则 Γ 的参数方程为

$$\begin{cases} X = \varphi(t) \\ Y = \psi(t), \quad t \in [t_1, t_2] \\ Z = \eta(t) \end{cases} \tag{2-1}$$

式中，t 为参数，$[t_1, t_2]$ 为参数 t 的取值范围。

如图 2-1（a）所示，以 Γ 上任意一点为原点建立局部正交坐标系 $O_1X_1Y_1Z_1$，选取目标点处切向量 $(\varphi'(t), \psi'(t), \eta'(t))$ 为 Z_1 轴的正方向，X_1 轴、Y_1 轴均满足右手定则。在局部坐标系随参数 t 变化的同时，点 P 在 $O_1X_1Y_1$ 平面内以一定角速度 ω 做圆周运动。如图 2-1（b）所示，局部坐标系内目标点的运动方程如下：

$$\begin{cases} X_1 = R\cos(\omega t + t_0) \\ Y_1 = R\sin(\omega t + t_0), \quad t \in [t_1, t_2] \\ Z_1 = 0 \end{cases} \tag{2-2}$$

式中，R 为圆的半径；t_0 为初始相位。

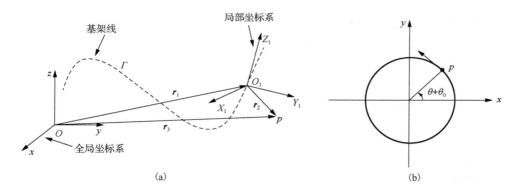

图 2-1　建模方法示意图

点 p 在圆上转动的同时，局部坐标系沿基架线 Γ 进行移动，移动过程中，局部坐标系的 z 轴始终保持与空间曲线 Γ 的切向量 $(\varphi'(t), \psi'(t), \eta'(t))$ 同向。点 p 的移动轨迹就是所求的空间螺旋线。

2.1.2　参数化方程

如图 2-1(a) 所示，在全局坐标系下记 $\overrightarrow{OO_1}$ 向量为 $\boldsymbol{r}_1$，$\overrightarrow{O_1P}$ 向量为 $\boldsymbol{r}_2$，$\overrightarrow{OP}$ 向量为 $\boldsymbol{r}_3$，则可得

$$\begin{cases} \boldsymbol{r}_1 = (\varphi(t), \psi(t), \eta(t)) \\ \boldsymbol{r}_2 = \boldsymbol{C} \times (R\cos(\omega t + t_0), R\sin(\omega t + t_0), 0) \\ \boldsymbol{r}_3 = \boldsymbol{r}_1 + \boldsymbol{r}_2 \end{cases} \tag{2-3}$$

式中，$\boldsymbol{C}$ 为旋转矩阵；$\boldsymbol{r}_3$ 为 P 点在全局坐标系下的坐标。

如图 2-2 所示，全局坐标系与局部坐标系的旋转关系可以看作 $\boldsymbol{Z}$ 轴绕旋转轴 $\boldsymbol{n}$ 旋转 θ 度至 $\boldsymbol{Z}_1$ 轴的过程，与此同时，$\boldsymbol{r}$ 经历相同过程转至 $\boldsymbol{r}_1'$。因此，由 $\boldsymbol{Z}$ 轴变换确定旋转轴 $\boldsymbol{n}$ 及选择角 θ 后即可确定旋转矩阵 $\boldsymbol{C}$。

假设有旋转轴向量 $\boldsymbol{n} = (n_x, n_y, n_z)$，旋转角度为 θ，旋转轴向量及旋转角度可由全局坐标 $\boldsymbol{Z}$ 及局部坐标 $\boldsymbol{Z}_1$ 的叉乘、点乘关系确定，设全局坐标 $\boldsymbol{Z}$ 及局部坐标 $\boldsymbol{Z}_1$ 为单位向量，则可得

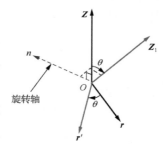

图 2-2　向量关系图

$$\boldsymbol{Z} = (0, 0, 1) \tag{2-4}$$

$$\boldsymbol{Z}_1 = \left(\frac{\varphi'(t)}{\sqrt{(\varphi'(t))^2 + (\psi'(t))^2 + (\eta'(t))^2}}, \frac{\psi'(t)}{\sqrt{(\varphi'(t))^2 + (\psi'(t))^2 + (\eta'(t))^2}}, \frac{\eta'(t)}{\sqrt{(\varphi'(t))^2 + (\psi'(t))^2 + (\eta'(t))^2}} \right)$$

$$\tag{2-5}$$

旋转轴向量 $\boldsymbol{n}=(n_x,n_y,n_z)$ 及旋转角度 θ 可由 $\boldsymbol{Z}$ 及 $\boldsymbol{Z}_1$ 的关系式确定：

$$\boldsymbol{n}=(n_x,n_y,n_z)=\boldsymbol{Z}\times\boldsymbol{Z}_1 \tag{2-6}$$

$$\theta=\arccos\left(\frac{\boldsymbol{Z}\cdot\boldsymbol{Z}_1}{|\boldsymbol{Z}||\boldsymbol{Z}_1|}\right) \tag{2-7}$$

在确定了旋转轴及旋转角度后，由罗德里格斯旋转公式[2]可获得空间旋转矩阵为

$$\boldsymbol{C}=R_n(\theta)=\boldsymbol{I}+\boldsymbol{A}\sin\theta+\boldsymbol{A}^2(1-\cos\theta)=$$

$$\begin{bmatrix} \cos\theta+n_x^2(1-\cos\theta) & -n_z\sin\theta+n_xn_y(1-\cos\theta) & n_y\sin\theta+n_xn_z(1-\cos\theta) \\ n_z\sin\theta+n_xn_y(1-\cos\theta) & \cos\theta+n_y^2(1-\cos\theta) & -n_x\sin\theta+n_yn_z(1-\cos\theta) \\ -n_y\sin\theta+n_xn_z(1-\cos\theta) & n_x\sin\theta+n_yn_z(1-\cos\theta) & \cos\theta+n_z^2(1-\cos\theta) \end{bmatrix}$$

$$\tag{2-8}$$

式中，$\boldsymbol{I}$ 为单位矩阵；$\boldsymbol{A}=\begin{bmatrix} 0 & -n_z & n_y \\ n_z & 0 & -n_x \\ -n_y & n_x & 0 \end{bmatrix}$ 为向量 $\boldsymbol{n}$ 的反对称矩阵。

将式(2-8)代入式(2-3)后可得全局坐标系下 $\boldsymbol{r}_3$，分量值即点 P 的全局坐标为

$$\begin{cases} X_P=R\cos(\omega t+t_0)[\cos\theta+n_x^2(1-\cos\theta)]-R\sin(\omega t+t_0)[n_z\sin\theta+n_xn_y(1-\cos\theta)]+\varphi(t) \\ Y_P=R\cos(\omega t+t_0)[n_z\sin\theta+n_xn_y(1-\cos\theta)]+R\sin(\omega t+t_0)[\cos\theta+n_y^2(1-\cos\theta)]+\psi(t) \\ Z_P=R\cos(\omega t+t_0)[-n_y\sin\theta+n_xn_z(1-\cos\theta)]+R\sin(\omega t+t_0)[n_x\sin\theta+n_yn_z(1-\cos\theta)]+\eta(t) \end{cases}$$

$$\tag{2-9}$$

至此，获得空间螺旋线上的目标点的全局坐标。通过逐步迭代循环参数 t 以进一步获得绕空间随机基架线轨迹的多重螺旋机制曲线模型在全局坐标系下的任意点坐标，如图2-3所示。

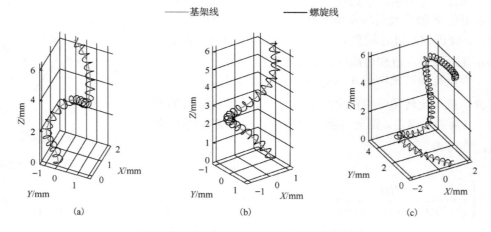

图 2-3　基于任意基架线轨迹的空间螺旋线

2.2　以缠绕工艺构建金属橡胶毛坯路径

前述 2.1 节构建了空间任意螺旋卷与其基架线的映射关系,进一步获得实际基架线轨迹后即可获得金属橡胶毛坯的数值模型,本节讨论的制备工艺主要有缠绕工艺,这种工艺可以制备多种构型的金属橡胶制品。因此,本节结合实际缠绕工艺构建相应毛坯的空间轨迹方程。

金属橡胶缠绕工艺是将拉伸的螺旋卷缠绕在芯轴上,通过导丝机构可以实现螺旋卷沿缠绕芯轴轴线进行往复直线运动和绕芯轴的旋转运动,这两个运动最终合成为螺旋卷的缠绕运动轨迹,实现了螺旋卷毛坯缠绕,使螺旋卷逐层缠绕在芯轴上,如图 2-4(a)所示。为了简化缠绕螺旋卷的三维路径的建模过程,一个合理的程序是首先计算出螺旋卷路径基架线的轨迹,然后将螺旋卷映射至基架线上,并且假设基架线在径向(ρ)均匀变化。计算螺旋卷基架线的过程包括计算芯轴表面的测地线和半测地线,以及生成卷绕图案。如图 2-4(b)和(c)所示,螺旋卷基架线由两种轨迹组成,分别是螺旋线和半测地线。当圆柱形表面扩展为矩形时,如图 2-4(d)所示,由于螺旋线是测地线(测地线是可发展表面展开后的直线),因此其显示为直线。相反,半测地线显示为曲线,这意味着它的缠绕角,即从子午线方向到纱线方向的角度[3],随着 z 坐标的变化而变化。

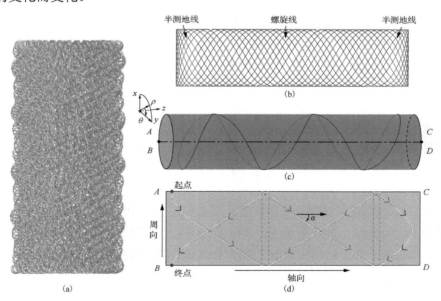

图 2-4　缠绕毛坯模型及基架线轨迹示意图

螺旋线的参数化表示可以通过以下公式进行：

$$x = R\cos\phi, \quad y = R\sin\phi, \quad z = \pm C\phi \tag{2-10}$$

式中，$R = a + \dfrac{(b-a)\phi}{a}$ 是当前缠绕的基架线半径，其中 a 为起始半径，b 为缠绕后毛坯基架线半径；ϕ 是与 x 轴的旋转角度；C 是与往复摆速相关的一个常数。

缠绕角度 α 则可由以下公式给出：

$$\alpha = \arctan(R/C) \tag{2-11}$$

半测地线有一个可变的卷绕角度，用于在芯轴的两端扭转纱线运动方向。然而，与测地线相比，半测地线的轨迹会导致螺旋卷在芯轴上打滑。为了保持螺旋卷的机械稳定性，必须确保作用在螺旋卷上的摩擦力和法向压力之比小于螺旋卷和芯轴之间的摩擦系数 μ。这个平衡条件可以用微分几何量、测地曲率和法向曲率来表示，可以表示为如下形式[3-5]：

$$\frac{\mathrm{d}\alpha}{\mathrm{d}z} = \frac{\eta\sin^2\alpha}{R\cos\alpha} \tag{2-12}$$

式中，η 是滑移系数，且满足 $0 \leqslant \eta \leqslant \mu$。

依据变式积分 $\int_{z_0}^{z} \mathrm{d}z = \int_{\alpha_0}^{\alpha} \dfrac{R\cos\alpha\mathrm{d}\alpha}{\eta\sin^2\alpha}$，式 (2-12) 的解析解可以写为

$$z - z_0 = \frac{R}{\eta}\left(\frac{1}{\sin\alpha_0} - \frac{1}{\sin\alpha}\right) \tag{2-13}$$

式中，α_0 和 z_0 分别为给定缠绕角度及缠绕角开始变化时的轴向位置。

为了保持沿半测地线的恒定长度增量 $\mathrm{d}s$，半测地线即缠绕基架线总长，z 的步长可以根据以下公式计算：

$$\Delta z = z_{i+1} - z_i = \mathrm{d}s \cdot \frac{\sqrt{S^2 - (b-a)^2}}{S} \cdot \cos\alpha \tag{2-14}$$

式中，S 为基架线路径总长。

旋转角度 ϕ_{i+1} 和 ϕ_i 之间的关系可表示为

$$\phi_{i+1} = \phi_i + \int_{z_i}^{z_{i+1}} \frac{\tan[\alpha(z)]}{R_i} \mathrm{d}z \tag{2-15}$$

至此，缠绕毛坯的基架线轨迹在给定了步长 $\mathrm{d}s$ 后即可获得，如图 2-5 (a) 所示，同时结合式 (2-15) 给出的映射关系，获得了缠绕毛坯螺旋卷的数值模型，如图 2-5 (b) 所示。至此完成了基于自动化缠绕工艺的毛坯数值模型的构建。毛坯实物如图 2-5 (c) 所示。

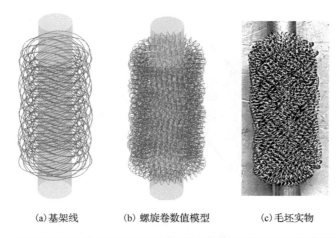

| (a) 基架线 | (b) 螺旋卷数值模型 | (c) 毛坯实物 |

图 2-5　缠绕毛坯基架线、螺旋卷数值模型示意图和毛坯实物图

2.3　以铺设工艺规划金属橡胶毛坯路径

当前缠绕工艺因制备便利，被逐步优化和推广，但缠绕法的一个明显特点是需要一根芯轴作为中心，故制成的毛坯并不能直接反映出不同成品的形状特征。白鸿柏等[6]设计的一种毛坯铺设装置，实现了金属橡胶毛坯 3D 立体铺设成形的全自动控制，具有良好的应用前景。因此，本节针对毛坯铺设工艺，在构建毛坯铺设路径模型的同时介绍铺设路径的规划方法。

2.3.1　铺设工艺规则

如图 2-6 所示，采用钉板进行多边形薄型金属橡胶(multilateral thin metal rubber，MT-MR)毛坯铺设[7]。钉板由销钉和底板构成，销钉可选择性固定于底板的孔位处，在毛坯铺设过程中起到了定位作用，故销钉又称为定位销；制备毛坯时，定螺距拉伸后的螺旋卷将按一定路径在定位销之间按层铺设，在一定铺设层数后使用滚压机构进行定型以保持毛坯勾连的稳定性。为保证铺设时螺旋卷缠绕稳定，同时规范自动铺设工艺的铺设规则，规定铺设路径规则如下。

如图 2-6 所示，以两定位销连线为基准向量，并规定方向为前定位销指向后一定位销，定位销的圆心到路径的距离定义如下：

$$R_t = R_p + R_s + R_m \tag{2-16}$$

式中，R_p、R_s、R_m 分别为定位销半径、螺旋卷半径与金属丝半径，如图 2-6(i)所示。

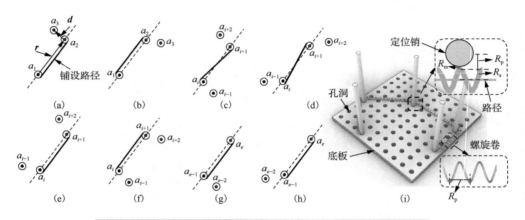

图 2-6　自动铺设工艺路径规则及示意图(图中 e 为最后两点标识)

每一层路径将被分为首段、中间段及末段进行讨论。对于每层的第一段路径即 a_1 至 a_2 段,基准向量为 $\boldsymbol{a}=a_2-a_1$,该段路径的下一个定位销,即 a_3 与 a_2 的连线构成判别向量 $\boldsymbol{b}=a_3-a_2$,若 $\boldsymbol{a}\times\boldsymbol{b}$ 的方向垂直平面向外,即 z 向分量大于 0,则取基准右下侧的外侧公切线(图 2-6(a)),反之,则取基准左上侧的外侧公切线(图 2-6(b))。其他路径类型也通过向量关系进行判别,中间段路径需考虑目标段前后的定位销位置,具体路径如图 2-6 所示,其中图 2-6(a)和(b)为首段路径的铺设规则,图 2-6(c)~(f)为中间段路径,图 2-6(g)和(h)为末段路径。

2.3.2　铺设毛坯优化问题及目标函数构建

铺设路径的随机性将会直接影响金属橡胶毛坯线匝螺旋卷的空间分布,进而改变了材料整体的结构均匀性与性能稳定性。对于基于定位销的铺设工艺,整体优化问题分为定位销优化与路径规划两部分。定位销固定于底板孔位中,如图 2-6(i)所示,需在给定的 m 个可行孔位中寻找 n 个孔位组合,使得定位销集合具有铺满毛坯铺设区域的能力,然后基于给定的 n 个定位销分层寻找一条遍历所有定位销且每个定位销只被访问一次的路径,并使得总路径的总体评估最好。整体优化问题的数学描述如下。

设 $G=(V,E)$ 为赋权图,$V=\{1,2,\cdots,n\}$ 为定位销顶点集,$P=\{1,2,\cdots,m\}$ 为可行孔位集,$E=\left\{1,2,\cdots,\dfrac{n(n+1)}{2}\right\}$ 为无向边集,C_{ij},C_k 分别为有向边及无向边的权重,$i,j\in V;k\in E;V\in P$。

对于定位销位置优化问题,数学模型表示为

$$\min Z=\sum_{k=1}^{\frac{n(n+1)}{2}}C_k x_k \tag{2-17}$$

而对于路径规划问题，数学模型表示为

$$\min Z = \sum_{i \neq j} C_{ij} x_{ij} \tag{2-18}$$

式中，$x_{k/ij} = \begin{cases} 1, & \text{优化集} \\ 0, & \text{其他} \end{cases}$，$k \in E$，$i, j \in V$。

　　对于金属橡胶毛坯整体的评估主要从毛坯的均匀性、稳定性及密实程度三方面进行。因此，基于背景网格投影法，设置毛坯平面均匀性、空间均匀性、勾连稳定性及充盈程度四个目标函数进行量化评估。

　　进行评估时，将基架线路径轨迹套上螺旋线后分层投影至背景网格，更新背景网格中投影单元内投影点数量并以投影矩阵形式存储，获得最终的评估矩阵。根据实际铺设工艺及制备要求，铺设区域以外与定位销所占平面范围内的区域设置禁忌区不参与评估。通过引入背景网格投影法，得到了带定位销的离散化空间螺旋卷投影至背景网格模型，如图 2-7 所示，图中背景单元颜色越深的位置表示投影计数越大，即材料富集。

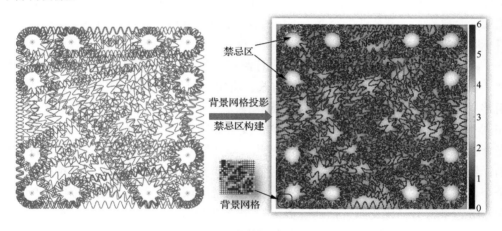

图 2-7　带定位销的离散化空间螺旋卷背景网格投影模型

　　基于背景网格模型的投影矩阵，分别以所有背景单元计数值的方差、每层投影计数均值的变化率、投影总数、接触对个数之比、计数值为 0 的单元数量所占比例作为四个目标函数的量化评估方法，具体计算公式见表 2-1。

表 2-1　评估目标及目标函数

评估目标	平面均匀性(a)	空间均匀性(b)	勾连稳定性(c)	充盈程度(d)
目标函数	$\dfrac{\sum\limits_{i=1}^{N}(X_i - \overline{X})^2}{N}$	$\dfrac{\left\| Y - \overline{Y} \right\|}{\overline{Y}}$	$\dfrac{N}{N_c}$	$\dfrac{N_z}{N}$

注：下面用 a、b、c、d 分别表示对应平面均匀性、空间均匀性、勾连稳定性、充盈程度的评估函数。

表 2-1 中，X、Y 分别为背景单元计数值、单层计数总值，N 为背景单元总数；N_c、N_z 分别为接触对计数和背景单元计数为零的单元个数。对于不同的优化目标，C_k, C_{ij} 分别对应于各自区间内由投影矩阵计算得出的目标函数值，将用于铺设毛坯的评估。

2.3.3　路径规划编码方式及多目标遗传算法应用

毛坯路径规划首先需要确定定位销的位置，其优化主要针对铺设区域的铺满能力，而优化模型表达式通过评估函数 d 表征无向边权重 C_k。具体求解方法如下：基于遗传算法(genetic algorithm，GA)的优化过程主要包含对参数集进行编码、评价群体(适应度评估)、遗传操作等过程。在这项工作中，由于定位销优化解空间的离散特性，故采用符号编码方式，对铺设区域内的孔位进行基因型编号处理。在适应度评估方面，同样将遗传个体中定位销能提供的所有可能路径进行统计并生成路径集合，然后将路径集合通过背景网格投影法进行投影统计，最终以评估函数 d 作为适应度值进行目标评估，其具体算法流程见图 2-8(a)。根据定位销位置的离散特性，选取轮盘赌选择、部分匹配交叉、点位变异作为遗传算子[8]，并采用精英策略加速向目标收敛的能力。

在定位销位置确定后便可进一步进行路径规划，由于路径规划解空间的离散特性，依然采用符号编码的基因型编码方式。将定位销从 1 开始进行编号，基因型采用路径顺序表示。在铺设工艺中，螺旋卷按层进行铺设。在同一层中，如果螺旋卷在同一定位销缠绕多次，则此处的材料密度必然远大于其余位置，并且增加了很多无意义的解，使搜索空间急剧扩大，因此，规定同一层铺设路径不包含重复的定位销。铺设路径的起点是上一层铺设路径的终点，且在同一层的铺设路径种群中，每个个体的基因型首个编号总是相同的。铺满铺设区域的能力主要由定位销的位置决定，故在进行路径优化时，评估函数 d 不作为优化目标参与计算，其主要通过评估函数 a、b、c 来判定路径优化过程中金属橡胶毛坯的均匀程度及勾连稳定度。

为实现对多目标约束进行优化，提高全局搜索能力，本书采用非支配排序遗传算法，基于路径优化分层特点进行改进，以解决金属橡胶(metal rubber，MR)铺设路径在多目标约束下的全局优化问题。非支配排序遗传算法(NSGA-Ⅱ)是 Deb 对 Srinivas 所提出的非支配排序遗传算法(non-dominated sorting genetic algorithms，NSGA)的改进[7]。对于路径规划问题，其本质是在已铺设层的基础上寻求当前层的相对最优解。每一层的求解模型可由式(2-19)表示。由于多目标相互间的约束，C_{ij} 不易直接定义。为提高全局搜索能力，每一层路径规划都将使用 NSGA-Ⅱ获得其非劣解集[8]，并从非劣解集中筛选出最优个体作为当前层的最优解(近似解)，故定义个体综合距离值 D_R 来筛选 Pareto 非劣解集中的最优个体：

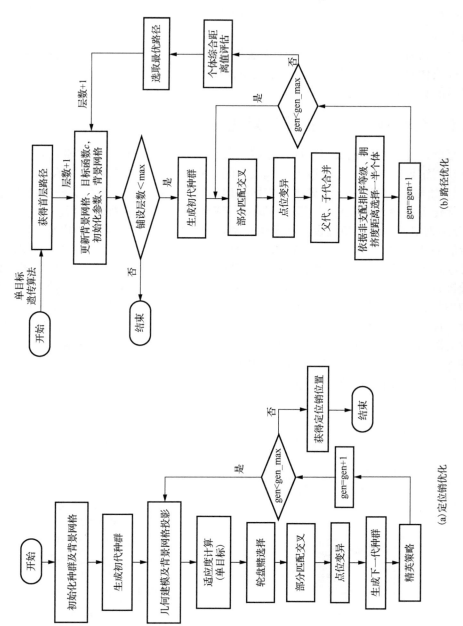

图 2-8　路径规划算法流程图

$$D_R = \alpha F_a' + \beta F_b' + \gamma F_c' \tag{2-19}$$

式中，F_a'、F_b'、F_c' 分别为归一化后的目标函数 a、b、c 的值；α、β、γ 分别为对应目标函数所占的权重。

　　由于只有单层路径，对其进行接触及空间优化意义不大，故在首层优化时采用单目标遗传算法，并以得到的背景投影矩阵作为后续多目标遗传算法的启发因子，改进后的算法流程如图 2-8(b) 所示。

2.3.4　经验铺设与优化铺设对比

　　至此，优化后的铺设路径即可获得，见图 2-9(a)。通过给出的坐标映射关系，可以获得铺设工艺下金属橡胶毛坯线匝空间分布模型，如图 2-9(b) 所示。

　　与此同时，为进一步验证本书中所提出的基于改进多目标遗传算法的 MR 铺设路径优化可行性，采取传统工艺中的随机经验铺设路线进行对比分析。图 2-9(c)、(d) 分别为依据传统经验铺设方法及优化铺设方法所得的前十层毛坯状态，可见，优化后的毛坯状态更加均匀。图 2-9(e)、(f) 为两种毛坯的评估函数对比，由图可知，两种毛坯的评估函数 a 随着层数的增加差距逐渐增大，最终均匀性优化效果比传统经验铺设提高了 40%。而两种毛坯的评估函数 b、d 相差不大，评估函数 b 都随着层数的增加在一小范围内波动，这是由于在相同材料密度的前提下两者的空间均匀度相近；评估函数 d 都逐渐趋于铺设能力上限，但铺设能力上限取决于定位销的数量、位置。随着线匝铺设的增多，毛坯内部线匝呈现更加紧实致密的接触状态，故二者的评估函数 c 都趋近于 1。综合以上讨论可知，优化后的毛坯线匝平面分布更加均匀，同一路径上重复铺设的数量更少。

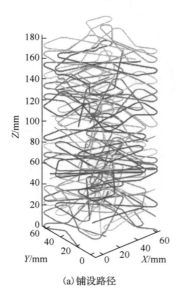

(a) 铺设路径

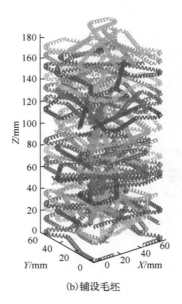

(b) 铺设毛坯

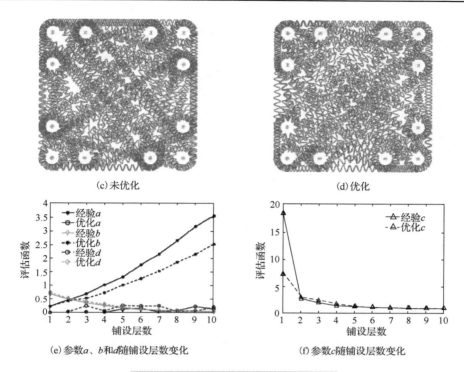

(c) 未优化　　　　　　　　　　　　　　　　(d) 优化

(e) 参数 a、b 和 d 随铺设层数变化　　　　　　　　(f) 参数 c 随铺设层数变化

图 2-9　螺旋卷铺设状态及评估函数对比

2.4　金属橡胶毛坯数值模型的修正

在 2.2 节和 2.3 节分别获得了基于自动化毛坯缠绕工艺及铺设工艺的金属橡胶毛坯空间数值模型，然而所获得的空间模型还未能直接进行有限元冲压模拟仿真，这是因为在生成空间模型时未考虑螺旋卷所占空间位置相互干涉的情况，如图 2-10(a) 所示，存在这种现象的有限元模型将产生不合理的初始接触力以至于模型无法进行计算。

为此，本节将介绍一种基于最小势能目标的空间干涉修正方法，即通过建立一根具有自干涉现象连续空间螺旋卷的能量系统，计算离散空间点集的迭代梯度，在考虑螺旋卷空间连续性的情况下修正了其空间干涉现象。

首先，约定所具有的符号如下。

r：螺旋卷的截面半径。

P：空间中待优化的螺旋卷的点集，每个点的坐标为 $P_j = (p_{j,x}, p_{j,y}, p_{j,z})$。

d_{ij}：点 P_j 与点 P_i 之间的距离。

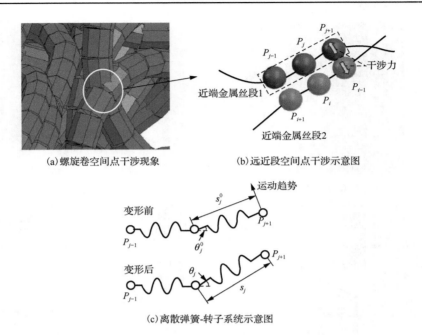

(a)螺旋卷空间点干涉现象　　　　(b)远近段空间点干涉示意图

(c)离散弹簧-转子系统示意图

图 2-10　螺旋卷空间干涉现象及能量系统示意图

θ_j：向量 $\overrightarrow{p_j p_{j+1}}$ 与 $\overrightarrow{p_{j-1}p_j}$ 之间的夹角。

N：螺旋卷的点数。

将空间螺旋卷简化为一串连续的空间离散点集，如图 2-10(b)所示，近端金属丝段 1 与远端金属丝段 2 在点 P_j 与点 P_{j-1} 处产生了空间干涉。为了简化系统，将整根螺旋卷考虑为一个离散弹簧-转子系统，如图 2-10(c)所示，在上述符号及模型的基础上，可以定义一个目标函数 E 来表示这根具有干涉现象螺旋卷的总能量：

$$E = \sum_{j=1}^{N-1} \sum_{i=j+1}^{N} V_{ij} + \frac{EA}{2d_s} \sum_{j=1}^{N-1} \Delta s_j^2 + \frac{EI}{2d_s} \sum_{j=2}^{N-1} \Delta \theta_j^2 \tag{2-20}$$

式中，第一项表示螺旋卷干涉的相互作用能；第二项表示悬臂梁轴向变形存储的弹性势能；第三项表示悬臂梁旋转存储的弹性势能；V_{ij} 表示点 P_i 和点 P_j 之间的相互作用能，可以定义为

$$V_{ij} = \begin{cases} 0, & d_{ij} > 2r \\ \dfrac{1}{2} K_{ij} \left(2r - d_{ij}\right)^2, & \text{其他} \end{cases} \tag{2-21}$$

式中，K_{ij} 是一个常数，表示两个点之间的相互作用力的强度。

Δs_j 及 $\Delta \theta_j$ 分别表示更新后第 j 段梁的轴向变化长度及第 j 个节点处相对旋转过的空间角度，可以表示为

$$
\begin{cases}
\Delta s_j = \left\| P_{j+1} - P_j \right\| - \left\| P_{j+1}^0 - P_j^0 \right\| \\
\Delta \theta_j = \arccos\left[\dfrac{(P_{j+1} - P_j) \cdot (P_j - P_{j-1})}{\left\| P_{j+1} - P_j \right\|\left\| P_j - P_{j-1} \right\|} \right] - \arccos\left[\dfrac{(P_{j+1}^0 - P_j^0) \cdot (P_j^0 - P_{j-1}^0)}{\left\| P_{j+1}^0 - P_j^0 \right\|\left\| P_j^0 - P_{j-1}^0 \right\|} \right]
\end{cases}
\tag{2-22}
$$

为了使螺旋卷在满足干涉条件的前提下能够达到最小势能状态，需要通过梯度下降等优化算法来求解目标函数 E 的最小值。具体来说，当两个节点 P_i 和 P_j 之间的距离 d_{ij} 小于等于它们的半径和 $2r$ 时，它们之间会产生相互作用，此时我们希望将它们分离开来以降低能量。在这种情况下，可以通过施加一个力来实现这个目标，如图 2-10(b) 所示。根据牛顿第三定律，这个力的大小应该与两个螺旋卷之间的距离成反比。

接着，将相互作用能对点 P_j 的偏导数表示为

$$
\frac{\partial V_{ij}}{\partial P_j} = \begin{cases} 0, & d_{ij} > 2r \\ K_{ij}(d_{ij} - 2r)\dfrac{\partial d_{ij}}{\partial P_j}, & \text{其他} \end{cases}
\tag{2-23}
$$

然后，计算 $\dfrac{\partial d_{ij}}{\partial P_j}$，其可以通过向量微积分来计算，得到：

$$
\frac{\partial d_{ij}}{\partial P_j} = \frac{\partial \left\| P_j - P_i \right\|}{\partial P_j} = \frac{\partial \sqrt{(P_j - P_i) \cdot (P_j - P_i)}}{\partial P_j} = \frac{P_j - P_i}{\left\| P_j - P_i \right\|}
\tag{2-24}
$$

因此，将式(2-24)代回式(2-23)，得到：

$$
\frac{\partial V_{ij}}{\partial P_j} = \begin{cases} 0, & d_{ij} > 2r \\ K_{ij}(d_{ij} - 2r)\dfrac{P_j - P_i}{d_{ij}}, & \text{其他} \end{cases}
\tag{2-25}
$$

此外，能量系统中存储的弹性势能也将对梯度产生影响，式(2-20)中第二项、第三项所表示的弹性势能对点 P_j 的偏导数表示为

$$
\begin{cases}
\dfrac{\partial\left(\dfrac{EA}{2d_s}\sum\limits_{j=1}^{N-1}\Delta s_j^2 \right)}{\partial P_j} = \dfrac{EA}{d_s}\left[\Delta s_j \dfrac{-(P_{j+1} - P_j)}{\| P_{j+1} - P_j \|} + \Delta s_{j-1} \dfrac{P_j - P_{j-1}}{\| P_j - P_{j-1} \|} \right] \\
\dfrac{\partial\left(\dfrac{EI}{2d_s}\sum\limits_{j=2}^{N-1}\theta_j^2 \right)}{\partial P_j} = \dfrac{EI}{d_s}\left\{ \left(-\dfrac{1}{\sqrt{1-\cos^2\alpha}} \right)\left[(P_{j+1} - P_j) - (P_j - P_{j-1}) \right] - \left(\dfrac{1}{\sqrt{1-\cos^2\beta}} \right)(P_j^0 - P_{j-1}^0) \right\}
\end{cases}
\tag{2-26}
$$

式中，　$\alpha = \arccos\left[\dfrac{(P_{j+1}-P_j)\cdot(P_j-P_{j-1})}{\left\|P_{j+1}-P_j\right\|\left\|P_j-P_{j-1}\right\|}\right]$；　$\beta = \arccos\left[\dfrac{(P_{j+1}^0-P_j^0)\cdot(P_j^0-P_{j-1}^0)}{\left\|P_{j+1}^0-P_j^0\right\|\left\|P_j^0-P_{j-1}^0\right\|}\right]$。

将所有与点 P_j 相关的相互作用能对其偏导数加起来，就得到了该点的梯度向量，即

$$\nabla_j E = \sum_{i\neq j}\frac{\partial V_{ij}}{\partial P_j} + \frac{\partial\left(\dfrac{EA}{2d_s}\sum_{j=1}^{N-1}\Delta s_j^2\right)}{\partial P_j} + \frac{\partial\left(\dfrac{EI}{2d_s}\sum_{j=2}^{N-1}\theta_j^2\right)}{\partial P_j} \tag{2-27}$$

具体来说，可以将 P_j 的坐标更新为

$$P_j' = P_j + \eta\nabla_{P_j}E \tag{2-28}$$

最后，通过迭代更新螺旋卷点集 P，直到收敛。获得的修正干涉后的完整金属橡胶缠绕毛坯模型，为毛坯的虚拟冲压成形提供了可行条件。

参 考 文 献

[1]　SHI L W, REN Z Y, HUANG Z H, et al. Research on trajectory optimization of multilateral thin metal rubber automatic laying based on virtual fabrication technology[J]. Advanced engineering materials, 2022, 24(2): 2100754.

[2]　OZGOREN M K. Kinematics of general spatial mechanical systems[M]. New York: Wiley, 2020.

[3]　KOUSSIOS S. Filament winding: a unified approach[D]. Delft: Delft University of Technology, 2004.

[4]　KIM C U, KANG J H, HONG C S, et al. Optimal design of filament wound structures under internal pressure based on the semi-geodesic path algorithm[J]. Composite structures, 2005, 67(4): 443-452.

[5]　VARGAS ROJAS E, CHAPELLE D, PERREUX D, et al. Unified approach of filament winding applied to complex shape mandrels[J]. Composite structures, 2014, 116: 805-813.

[6]　白鸿柏, 路纯红, 李冬伟, 等. 一种金属橡胶毛坯铺设装置[P]: 中国, 103962479B. 2016-01-20.

[7]　TAGAMI T, KAWABE T. Genetic algorithms using Pareto partitioning method for multiobjective optimization problem[J]. Transactions of the institute of systems, control and information engineers, 1998, 11(11): 600-607.

[8]　DEB K, PRATAP A, AGARWAL S, et al. A fast and elitist multiobjective genetic algorithm: NSGA-II[J]. IEEE transactions on evolutionary computation, 2002, 6(2): 182-197.

第 3 章　金属橡胶虚拟成形

本章的核心内容是介绍金属橡胶虚拟成形技术，包括线匝动态接触特性的计算条件、冲压成形预估及模型可靠性验证等。本章通过完成空心圆柱、实心圆柱以及方形金属橡胶的虚拟成形，介绍材料的虚拟成形过程。

3.1　金属橡胶有限元虚拟成形的计算条件

在前述章节中，所获得的金属橡胶毛坯组织呈现出了线匝相互咬合勾连的空间结构，与此同时，在毛坯冷冲压过程中线匝出现的大程度塑性形变、大量的线匝间滑移摩擦都使得金属橡胶成形仿真十分困难。为此，本节在前述章节获得的金属橡胶毛坯数值模型的基础上，充分考虑线匝大变形与接触非线性等特性，结合金属橡胶实际制备工艺，介绍材料属性及制备参数的定义、有限元单元划分、利用罚函数解决螺旋卷线匝间的复杂勾连接触问题，同时对边界条件和加载方式进行设置。

3.1.1　材料属性及制备参数的定义

金属橡胶常用材料为 304 奥氏体不锈钢，故材料参数设置为：弹性模量 $2.06 \times 10^5 \text{MPa}$，密度 $7.93 \times 10^{-3} \text{g/mm}^3$，泊松比为 0.3。通过设置分段塑性属性、切线模量、失效应变以及应变率参数来模拟金属橡胶的冲压成形或加卸载过程。本章主要以工程中常见的空心圆柱、实心圆柱与方形金属橡胶作为研究对象，其中方形金属橡胶以铺设工艺为基础，具体制备工艺参数如表 3-1～表 3-3 所示。为考虑文章篇幅，在本章节中主要以空心圆柱金属橡胶的虚拟制备流程作为重点，进行材料虚拟制备工艺的详述。

表 3-1　空心圆柱金属橡胶制备参数

金属丝直径/mm	螺旋卷直径/mm	螺旋卷螺距/mm	缠绕角度/(°)	缠绕层数	每层缠绕圈数	成品外径/mm	成品内径/mm	冲压高度/mm
0.2	1.5	1.5	40	22	2	20	12	3

表 3-2　实心圆柱金属橡胶制备参数

金属丝直径/mm	螺旋卷直径/mm	螺旋卷螺距/mm	缠绕角度/(°)	缠绕层数	每层缠绕圈数	成品直径/mm	冲压高度/mm
0.2	1.5	1.5	45	20	2	12.7	2.4

表 3-3　方形金属橡胶制备参数

金属丝直径/mm	螺旋卷直径/mm	螺旋卷螺距/mm	铺设层数	成品长度/mm	成品宽度/mm	冲压高度/mm
0.2	1.5	1.5	50	62	62	3

3.1.2　有限元单元划分

金属橡胶材料的冲压成形过程可以看作连续细长杆结构在自接触摩擦的边界约束下尝试较大程度的弹塑性变形。由于材料由细长的圆截面金属丝绕制而成，因此如何在保证计算效率及稳定性的条件下良好地描述金属丝几何边界成为材料进行有限元计算的关键一步。显性动力学单元是 ANSYS 中用于显性动力学求解的专用单元，有限元分析过程适用于复杂多点接触的有限元法分析法，因此，网格划分选用显性动力学单元。与此同时，本节给出两种单元划分方法以适应不同的仿真需求。

（1）选用 BEAM161 单元。划分单元时采用 Hughes-Liu 截面积分进行单元计算，积分规则为 2×2 阶高斯积分，适用于线性、大角度旋转以及大应变非线性应用，支持弹性、塑性、蠕变等非线性材料模型。与此元素类型关联的横截面可以是引用多个材质的组合截面。以短粗梁为微元对具有空间复杂曲率变化的细长杆结构进行单元划分，具有对目标进行良好的几何边界描述能力。以丝材中心线为基准，采用等弧长的方法划分金属丝，划分结果如图 3-1（a）所示。

（2）选用 SOLID164 单元。采用正六面体网格将金属丝截面等分从而扫掠划分单元，考虑了计算效率，一个微段采用 4 个实体单元组成，其截面形状为正八边形，与梁单元模型相比，各个微段的边界点都与相邻微段相连接，而梁单元仅在单元中心处相连，如图 3-1（b）所示。SOLID164 单元是一种具有 8 个节点的三维实体单元，默认积分规则为减缩积分。该单元具有弹性、塑性、大变形和大应变行为，并且可以将温度、磁场等物理载荷作为节点处的单元体载荷输入，因此适用于研究材料的热物理性能。另外，通过在调用 LS-DYNA 求解器时输入 s=intfor 可以将实体单元模型线匝间的各向接触力、摩擦耗能密度实时输出，这将为进一步探究线匝接触及细观耗能提供一个更为准确方便的方法。梁单元通过节点之间的连线来表示梁截面的质心连接，其中边界载荷和约束施加于质心位置，因此可以简化计算，但准确性不强，且无法计算温度相关的热载荷。与之相比，实体单元具有更好的非线性适应性，因而可用于复杂结构的网格划分，同时也更能准确反映模型局部细节的受载情况，但对于算力的要求更高。

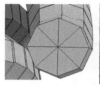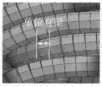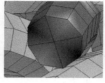

(a)梁单元　　　　　　　　　　　　　(b)实体单元

图 3-1　模型单元划分示意图

3.1.3　模型接触问题

金属橡胶内部线匝复杂交错的接触判定是有限元仿真的重难点。罚函数法在求解非线性优化问题方面具有稳定的计算能力，可以解决空间多点接触问题，故采用罚函数法建立接触问题的虚功方程，通过应力平衡条件得到接触力与接触点渗透量的关系，并在每个载荷步中检查节点的渗透量。引入库仑(Coulomb)摩擦计算摩擦系数并定义滑动函数，调节罚因子来确定接触刚度，最后结合罚函数和非经典摩擦理论建立接触力与位移增量的关系[1]。

对于三维接触问题，其接触表面存在非线性，可结合接触调整并利用平衡方程描述这一特性，t 时刻的虚功方程为

$$G(u_t, u_\delta) - \int_{\varGamma_c} P_c^t \times u_\delta \mathrm{d}\varGamma_c^t = 0 \tag{3-1}$$

式中，$G(u_t, u_\delta) = \int_{\varOmega} \sigma_t : \mathrm{grad}(u_\delta)\mathrm{d}\varOmega_t - \int_{\varOmega} F_t \times u_\delta \mathrm{d}\varOmega_t - \int_{\varGamma_s} T_t \times u_\delta \mathrm{d}\varGamma_s^t \sigma_t$，$\varGamma_s^t$ 为给定外力边界，$\varGamma_c^t$ 为可能发生接触的边界，grad 为梯度算子，$\varOmega_t$ 为接触体系，σ_t、F_t、T_t、P_c^t 分别为应力、体力、面力、接触力。

由应力边界平衡条件可知，在接触点 $X \in \varGamma_c$，有

$$\sigma(X)n(X) = P_c(X) \tag{3-2}$$

式中，$n(X)$ 为接触界面的法向向量；$P_c(X)$ 为 t 时刻的接触边界反力，沿局部坐标系方向分解后可以得到：

$$\begin{cases} P_N(X) = n(X) \cdot \sigma(X)n(X) \\ P_T(X) = \sigma(X)n(X) - P_N(X)n(X) \end{cases} \tag{3-3}$$

式中，P_T 为切向接触力；P_N 为法向接触力。

因此，t 时刻接触点处沿法向应满足如下库恩塔克（Kuhn-Tucker）条件：

$$\begin{cases} g_N(X) \geqslant 0 & \text{(3-4-a)} \\ P_N(X) \geqslant 0 & \text{(3-4-b)} \\ P_N(X)g_N(X) = 0 & \text{(3-4-c)} \end{cases} \tag{3-4}$$

式中，$g_N(X)$ 表示法向渗透量；式(3-4-a)表示材料的无渗入性条件；式(3-4-b)表示接触压力为压反力；式(3-4-c)表示法向接触压力的零功条件。

摩擦力即是接触界面的切向表现，通常采用库仑摩擦定律[2,3]对摩擦力进行分析。该定律提出只有当两接触物体之间平行于接触面的切向力达到临界值时才发生相对滑动，临界值的大小与法向接触力成比例，比例常数即为摩擦系数。通过定义滑动函数 ϕ，则在接触点处库仑摩擦可表示成 Kuhn-Tucker 条件：

$$\begin{cases} \phi : \|P_T\| + \mu P_N \leqslant 0 & \text{(3-5-a)} \\ \mathrm{d}g_T + \xi \, \partial\phi/\partial P_T = 0 & \text{(3-5-b)} \\ \xi \geqslant 0 & \text{(3-5-c)} \\ \xi\phi = 0 & \text{(3-5-d)} \end{cases} \tag{3-5}$$

式中，ϕ 为接触界面；P_T 为切向接触力；ξ 为非负的尺度参数；μ 为摩擦系数；P_N 为法向接触力；g_T 为切向滑移量。

根据罚函数法，将式(3-5-b)代入式(3-1)，则虚功泛函为

$$G(u_t, u_\delta) - \int_{\Gamma_c} (\varepsilon_N g_N^t \delta^t g_N + \varepsilon_T g_T^t \delta^t g_T) \mathrm{d}\Gamma_c^t = 0 \tag{3-6}$$

式中，$\varepsilon_N, \varepsilon_T$ 分别为法向、切向的罚参数，且 $\varepsilon_N > 0, \varepsilon_T > 0$。

罚函数通过刚度值表征接触力和接触面穿透值（接触位移）间的线性关系：

$$F = K \times X \tag{3-7}$$

式中，F 为法向接触力；K 为接触刚度；X 为穿透值。

假定切向接触压力与微观滑移、法向接触力与穿透值分别成正比，其增加形式可表示为

$$\begin{bmatrix} \mathrm{d}P_{T1} \\ \mathrm{d}P_{T2} \\ \mathrm{d}P_N \end{bmatrix} = \begin{bmatrix} \varepsilon_T & 0 & 0 \\ 0 & \varepsilon_T & 0 \\ 0 & 0 & \varepsilon_N \end{bmatrix} \begin{bmatrix} \mathrm{d}g_{T1} \\ \mathrm{d}g_{T2} \\ \mathrm{d}g_N \end{bmatrix} \tag{3-8}$$

但金属橡胶内部螺旋卷不仅存在线匝间的微动位移，还存在着整体的宏观位移量，故引入了非经典摩擦理论。根据非经典摩擦理论，相对滑移增量由微观滑移增量 $\mathrm{d}g_T^e$ 与宏观滑移增量 $\mathrm{d}g_T^p$ 两部分组成。则总相对滑移增量可分解为

$$\mathrm{d}g_T = \mathrm{d}g_T^e + \mathrm{d}g_T^p \tag{3-9}$$

其中，微观滑移增量为

$$\mathrm{d}g_T^e = \varepsilon_T^{-1} \mathrm{d}P_T \tag{3-10}$$

由式(3-9)和式(3-10)可得

$$dP_T = E'_c(dg_T - dg_T^p) \tag{3-11}$$

式中，$E'_c = \mathrm{diag}[\varepsilon_T, \varepsilon_T]$。

宏观滑移增量为

$$dg_T^p = -\xi \frac{\partial \phi}{\partial P_T} \tag{3-12}$$

当宏观滑移发生时，有

$$d\phi = \left(\frac{\partial \phi}{\partial P_T}\right)^T dP_T + P_N \frac{\partial \mu}{\partial g_T^{\bar{p}}} dg_T^p + \mu dP_T = 0 \tag{3-13}$$

式中，指数 T 是对矩阵的转置；指数 p 是宏观下的参量；$g_T^{\bar{p}} = \sqrt{g_{Ti}^p g_{Ti}^p}$ 为等效滑移量。

由式(3-5)和式(3-13)可得

$$\xi = \frac{\left(\dfrac{\partial \phi}{\partial P_T}\right)^T E'_c dP_T + \mu dP_T}{\left(\dfrac{\partial \phi}{\partial P_T}\right)^T E'_c \left(\dfrac{\partial \phi}{\partial P_T}\right) + P_N \left(\dfrac{\partial \phi}{\partial P_T}\right)^T \dfrac{\partial \mu}{\partial g_T^{\bar{p}}}} \tag{3-14}$$

因此，由式(3-5)、式(3-8)、式(3-14)可以得到摩擦力与法向接触力、穿透值与滑移增量的本构关系：

$$dP_c = E_{ct} dg_c \tag{3-15}$$

其中

$$E_{ct} = \begin{bmatrix} \varepsilon_T\left(1 - \omega \dfrac{P_{T1}^2}{|P_T|^2}\right) & -\omega\varepsilon_T \dfrac{P_{T1}P_{T2}}{|P_T|^2} & \omega\mu\varepsilon_N \dfrac{P_{T1}}{|P_T|} \\[3mm] -\omega\varepsilon_T \dfrac{P_{T1}P_{T2}}{|P_T|^2} & \varepsilon_T\left(1 - \omega \dfrac{P_{T2}^2}{|P_T|^2}\right) & \omega\mu\varepsilon_N \dfrac{P_{T2}}{|P_T|} \\[3mm] 0 & 0 & \varepsilon_N \end{bmatrix}$$

式中，ω 为接触状态因子，对于黏着接触，$\omega=0$；对于滑动状态，$\omega=1$。

3.1.4　边界条件与加载设置

由于空心圆柱、实心圆柱和方形金属橡胶成品均具有轴对称特性，为节约仿真时间，建模时在第 2 章所获得的毛坯数值模型的基础上，将空心圆柱、实心圆柱金属橡胶沿周向六等分，将方形金属橡胶分为四等份，任取其一进行有限元分析。本书约束 1/6 空心圆柱金属橡胶的左右两截面，限制各线匝端点沿 x、y 轴方向的移动以及绕 x、y、z 轴的转动，释放其沿 z 轴(冲压加载方向)的移动自由度。金属橡胶下端面与固定的刚性板接触，为贴近实际制备工艺与应用，用刚性冲压板料对金属橡胶上平面进行等位移增量加卸载，加卸载量为成形方向上 0.6mm。由于金属橡胶在冲压或加卸载过程中存在几何非线性、材料非线性与接触非线性，故采用等位移分段方式逐步施加载荷，各载荷步又分为若干个子步，以实现在有限元求解过程中的计算收敛性。

3.2　冲压成形预估及模型可靠性验证

为了实现金属橡胶冲压成形过程的虚拟仿真，在前述章节获得的金属橡胶毛坯数值模型的基础上，充分考虑线匝大变形与接触非线性等特性，结合金属橡胶实际制备工艺，将毛坯数值模型导入 ANSYS 中进行有限元单元的划分，通过输出 K 文件的程序编译，并利用罚函数解决螺旋卷线匝间的复杂勾连接触，同时设置边界条件和加载方式。在 LS-DYNA 中进行显式动力学求解。本节将展示空心圆柱、实心圆柱以及方形金属橡胶的虚拟制备模型及宏观阻尼形貌对比，同时，为节省篇幅，只展示空心圆柱形模型的成形参量预估。

3.2.1　金属橡胶虚拟制备模型

通过前述章节对金属橡胶毛坯几何模型的构建，配合边界条件的设定，实现了从毛坯构建到冷冲压成形的全部过程。冲压完成后，从模具中取出的金属橡胶由于失去模具的约束，在弹性恢复力的作用下发生了微量回弹现象，如图 3-2(c) 与图 3-2(d) 所示，这与实际制备情况相一致。由图 3-2～图 3-4 可知，金属橡胶毛坯在经历了一定的成形压力下，逐渐实现了线匝螺旋卷间的空间接触判定，并进行了相互的弹塑性滑移挤压过程，在经过卸模后的弹性回弹现象后，最终构建了各种形状的金属橡胶有限元模型。

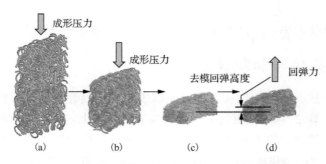

图 3-2　金属橡胶数值模型冲压过程模拟(1/6 空心圆柱)

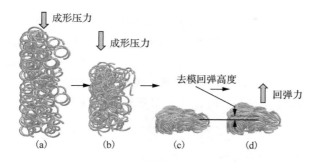

图 3-3　金属橡胶数值模型冲压过程模拟(1/6 实心圆柱)

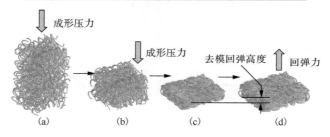

图 3-4　金属橡胶数值模型冲压过程模拟(1/4 方形块状)

3.2.2　冲压试验及宏观组织结构对比

为进一步说明本书中基于金属橡胶正向设计技术所构建的金属橡胶有限元模型的有效可靠性,通过冲压加载试验制备了同等参数的金属橡胶实物进行对比验证。冲压加载试验采用 WDW-T200 微机控制电子万能试验机加载,试验机如图 3-5(a)所示,模具及装配如图 3-5(b)所示。

(a)电子万能试验机

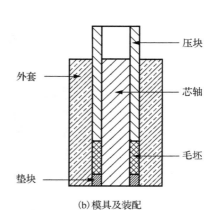

(b)模具及装配

图 3-5　冲压试验装置示意图

材料的组织结构形态是金属橡胶最基本的特征，数值模型首先要在组织结构形态上和实际金属橡胶构件一致。图 3-6～图 3-8 为回弹后数值模型和实际金属橡胶构件在不同表面的组织结构形态对比。可以看出，无论是模型的宏观特征还是金属丝的细观走向，数值模型和实物构件都十分相近，说明通过数值计算得到的材料组织结构是与实际金属橡胶构件相符的，验证了本书所构建的模型的有效性。

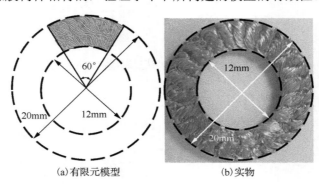

(a) 有限元模型　　　　　　　(b) 实物

图 3-6　空心圆柱金属橡胶

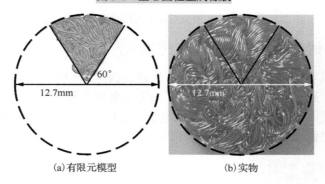

(a) 有限元模型　　　　　　　(b) 实物

图 3-7　实心圆柱金属橡胶

(a) 有限元模型　　　　　　　(b) 实物

图 3-8　方形金属橡胶

3.2.3　成形过程预估

冲压成形过程中，成形压力的大小、冲压速率、保压时间等不同的加载方式直接影响了金属橡胶制品的成形尺寸、孔隙率、刚度、阻尼等特性。对不同加载方式的压力曲线进行预估，有助于研究冲压工艺对金属橡胶制品性能的影响以及指导金属橡胶的制备。

以空心圆柱金属橡胶为算例，由于算例选取为 1/6 模型，故在进行预估时，需将数值模型得到的成形压力乘以放大系数 6，对全构件成形压力进行预测。若分析时取全构件周向尺寸的 $1/n$，则放大系数为 n。全构件预测成形压力和试验成形压力的对比如图 3-9 所示。由图 3-9 可见，成形压力预估曲线与试验曲线吻合良好，取样点的最大相对误差出现在压力较小阶段，而整体曲线的相对误差处于较低水平，因此，可以认为数值模型实现了成形过程的准确预估。

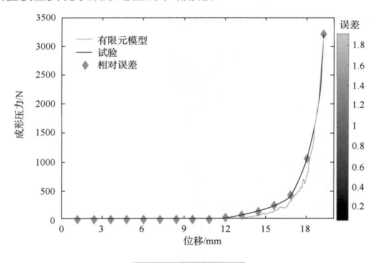

图 3-9　成形压力对比

3.2.4　成形尺寸及回弹量预估

成形尺寸是金属橡胶元件的基本特征之一，以相同材质、相同工艺参数建立的数值模型应当与实际空心圆柱金属橡胶样件具备相同的尺寸。金属橡胶材料复杂的制备工艺给成形后材料的一致性带来了挑战，而虚拟成形的结果具有唯一性。表 3-4 为相同制备工艺参数的实际样件与数值模型的厚度尺寸对比，为减少制备工艺流程带来的随机性，选取同一批次下的三组样件。由表 3-4 可知，数值模型与实际空心圆柱金属橡胶样件在成形方向上的尺寸最大误差为 9.66%，表明数值模型的尺寸与实际空心圆柱金属橡胶样件基本一致。

表 3-4　厚度尺寸对比

序号	试验尺寸/mm	数值模型尺寸/mm	误差
试件 1	3.44	3.18	7.56%
试件 2	2.90	3.18	9.66%
试件 3	2.96	3.18	7.43%

　　此外，在金属橡胶冲压成形过程中，毛坯与模具之间存在摩擦作用，从而导致构件在成形方向上出现组织不均匀的金属橡胶退模后，由于失去模具约束，在金属丝弹性应力的作用下会回弹一定尺寸，回弹后的制品尺寸一般大于退模前的尺寸。对回弹量的预估也就是对退模后金属橡胶制品尺寸的预估。退模后金属橡胶制品尺寸的预估对制品的应用、模具的设计具有重要意义，可以大大减少试验试凑的人力物力成本。图 3-10 为回弹前与回弹后的外形尺寸对比。

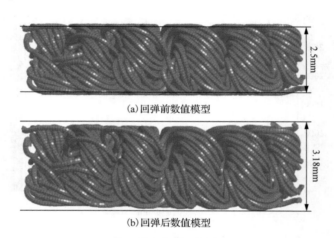

(a) 回弹前数值模型

(b) 回弹后数值模型

图 3-10　回弹前后的外形尺寸对比

　　表 3-5 为回弹前后，数值计算与试件 1 试验回弹尺寸对比，其中构件径向尺寸指空心圆柱构件外径与内径的差的一半(构件壁厚)。由表 3-5 可知，数值计算的厚度回弹量为 0.68mm，试验的厚度回弹量为 0.78mm，预估误差为 12.8%；数值计算的径向回弹量为 0.42mm，试验的径向回弹量为 0.48mm，预估误差为 12.5%。可见，数值计算在成形尺寸和回弹量方面的预估是可靠的。第 4 章将进一步对不同制备工艺参数的金属橡胶样件进行试验与仿真对比，以进一步验证本书提出的仿真手段的可靠性。

表 3-5　回弹前后尺寸对比　　　　　　　　　　　　（单位：mm）

项目	数值计算	试验
回弹前厚度	2.50	2.66
回弹后厚度	3.18	3.44
回弹前径向尺寸	3.00	3.00
回弹后径向尺寸	3.42	3.48

参 考 文 献

[1]　REN Z Y, SHEN L L, HUANG Z W, et al. Study on multi-point random contact characteristics of metal rubber spiral mesh structure[J]. IEEE access, 2019, 7: 132694-132710.

[2]　SHI L W, REN Z Y, ZHOU C H, et al. Numerical simulation of an entangled wire-silicone rubber continuous interpenetration structure based on domain meshing superposition method[J]. Composites part B: engineering, 2023, 256: 110648.

[3]　JIANG W G, HENSHALL J L. A novel finite element model for helical springs[J]. Finite elements in analysis and design, 2000, 35 (4) : 363-377.

第 4 章　金属橡胶细观拓扑结构分布特性

金属橡胶内部复杂的线匝勾连结构与空间随机分布的接触摩擦特性使得难以通过传统试验手段或传统的有限元模拟方法深入挖掘材料的细观结构，无法进一步探究其力学行为。至今为止，尚无相关文献对金属橡胶在细观尺度下的动态接触过程进行有效分析，无法对材料的内部线匝间接触摩擦状态的动态演变本质进行有效剖析，更无法明晰其复杂的高度非线性宏观力学行为。本章的核心内容是基于金属橡胶正向设计技术，对材料组织分布特征及微元空间指向角分布特征进行深入探究，同时将详细介绍线匝接触特征动态追踪的方法。

4.1　材料组织分布特征

一般地，由于毛坯与模具之间的摩擦作用以及螺旋卷轨迹的影响，金属丝线匝或材料孔隙在金属橡胶制品中的分布不是绝对均匀的。通过数值模型，可以在制备前评估当前工艺参数所制备的金属橡胶制品的均匀性，了解材料内部组织的分布状况，并加以改进。算例中选取如图 3-2 所示的 1/6 空心圆柱进行研究，为对材料组织在各向的分布进行评估，建立如图 4-1(a) 所示的圆柱坐标系对其材料节点分布进行统计。数值模型对底部端面的投影呈环形带状，如图 4-1(b) 所示。在径向方向上将环形带等间距划分成若干条子带，每条环形子带如图 4-1(b) 中阴影区域所示。将所有金属丝外包络线节点进行圆柱坐标系转化并向底部投影，统计每个环形子带包含的投影点数目，可以得到该环形子带的节点分布。环形子带节点分布随径向尺寸的变化如图 4-1(a) 所示，其中横坐标代表图 4-1(b) 中的极坐标轴 R。

由图 4-2 可见，构件中径向方向的中部材料密度呈现出准线性增长的趋势，而在两侧最小。首先可以看出中部材料准线性增长的趋势与径向坐标的增长趋势大致相符，这是由于环形投影条面积随着半径的增大而线性增长，因此可以认为材料在中部径向方向上准均匀分布，组织密度的起伏由细观螺旋卷的形貌决定。其次材料在径向两侧的密度都较小，这被定义为边界层效应[1]，材料径向产生这种现象的原因主要有两个，一是在内外表面存在无金属材料的浅槽，使靠近内外表面区域的材料密度相对稀疏，如图 4-3(a) 所示；二是材料在退模后会发生微量回弹，使得尺寸发生变化，由于内外表面是自由表面，因此材料在一定程度上发生蓬松，图 4-2(a) 所呈现出的材料在回弹膨胀区密度骤降也验证了这一观点。

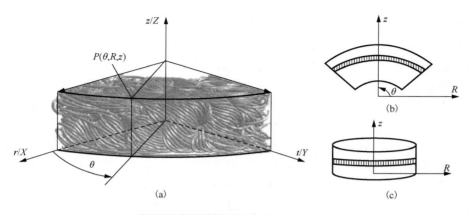

图 4-1　材料组织分布评价方法示意图

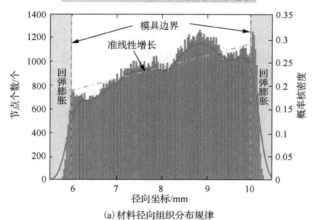

(a) 材料径向组织分布规律

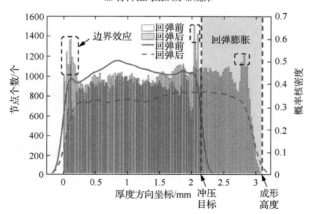

(b) 厚度方向材料组织分布规律

图 4-2　材料组织分布规律图

　　同样地,在厚度方向上对材料组织分布进行评价。在厚度方向上将模型等间距划分时,不包含上下不平整表面。在厚度方向上等间距划分成若干层,每一层如图 4-1(c)中阴影区域所示。统计每一层所包含的金属丝轴线节点数目,每一层节点数目随层数的变化如图 4-2(b)所示,其中横坐标代表图 4-1(c)中柱坐标的 z 轴。

　　由图 4-2(b)可以看出,材料无论在回弹前或是回弹后,材料内部的组织沿厚度方向分布都较均匀,但在边界处出现明显的边界效应,即材料组织从上下边界算起一个丝材半径的范围内迅速减少,后在距离边界一个丝材半径处富集,同时可以观察到,随着轴向坐标向厚度中心靠拢,丝材富集后又出现了一个明显组织稀疏区域。为了解释材料轴向出现的特殊边界效应,首先对如图 4-3(a)所示的环形金属橡胶实物进行观察,构件在冲压成形后上下表面的丝材会出现较大的塑性形变,因此上下表面的丝材呈现出垂直于成形方向的分布特征,从构件的外环表面可以看到,丝材走向在除上下表面以外的位置均与轴向具有一定的夹角,本章构建的虚拟数值模型也很好地展现出了这一现象,如图 4-3(b)所示。为进一步验证这一现象,本节对材料数值模型进行了轴向切片观察,图 4-3(c)为材料在距离上表面一个丝材半径处的截面图,而图 4-3(d)为材料在厚度中部处的截面图。可以看到,图 4-3(c)所示截面基本为长段的丝材剖面,而图 4-3(d)所示截面则出现了较多丝材径向的横切面图,这一现象很好地验证了前述观点,最终使材料组织在厚度方向上出现特殊的边界效应。

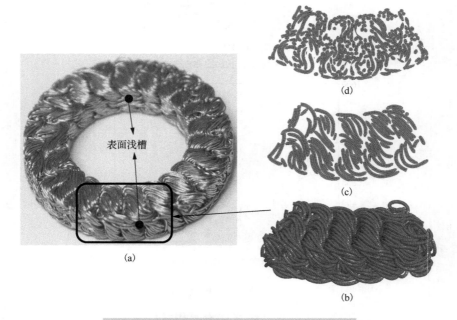

图 4-3　金属橡胶实物表观形貌及数值模型截面图

4.2　微元空间指向角分布特征

作为金属橡胶材料的结构骨架，细观线匝段的空间指向决定了材料的刚度响应，在载荷方向上的微元空间指向角无规律分布是材料具有各向异性力学性能的根本原因。为了可视化和量化螺旋线的方向，首先对数值模型进行基于螺旋线方向角的 RGB 颜色映射。数值模型由空间离散点 P_j 组成，其空间坐标可以由如图 4-1(a) 所示的柱坐标表示。相邻节点间线段的颜色由 RGB 颜色模型描述，该 RGB 颜色模型是范围从 0 到 1 的三个数字的数组：

$$C_{\text{rgb}-j,\,j+1} = [C_{r-j,\,j+1},\, C_{g-j,\,j+1},\, C_{b-j,\,j+1}] \tag{4-1}$$

式中，由点 P_j 及点 P_{j+1} 作为端点的线段颜色由上述三个数值表示红、绿、蓝，由于模型具有周向周期对称性质，采用红、绿、蓝数值分别表示线段在柱坐标系下指向周向、径向及轴向的比例。

为在相同空间维度下衡量三者的比例，采用式(4-2)计算三者的数值：

$$\begin{bmatrix} C_{r-j,\,j+1} \\ C_{g-j,\,j+1} \\ C_{b-j,\,j+1} \end{bmatrix} = \frac{1}{l_{j,j+1}^2} \begin{bmatrix} \dfrac{1}{4}(\theta_{j+1}-\theta_j)^2 \times (R_{j+1}+R_j)^2 \\ (R_{j+1}-R_j)^2 \\ (z_{j+1}-z_j)^2 \end{bmatrix} \tag{4-2}$$

式中，$l_{j,j+1} = \sqrt{\dfrac{1}{4}(\theta_{j+1}-\theta_j)^2 \times (R_{j+1}+R_j)^2 + (R_{j+1}-R_j)^2 + (z_{j+1}-z_j)^2}$。

图 4-4 为算例给出的成形金属橡胶数值模型的染色结构骨架图，可以观察到骨架沿着线匝多是指向径向方向，整体统计结果显示径向比例占到了 41.438%，其次是轴向，占比为 32.631%，而周向占比为 25.932%，结果表明该型金属橡胶样件中的线匝倾向于沿着非成形方向分布。

在一般工况下，金属橡胶构件在成形方向上受载，因此，材料细观线匝段与轴向(Z 向)的夹角直接影响了材料的力学性能，图 4-5 描述了算例数值模型线匝轴向指向角在不同应变下的分布特征，可以观察到，材料的指向角在 90° 处富集，总体呈现出一种中心富集的准高斯分布特征，对于这种现象，依然可以通过前面所提及的边界效应进行解释，材料成形后在上下表面的丝材呈现出垂直于成形方向的分布特征(图 4-3(a))，因此线匝相对于轴向的空间指向角在 90° 处富集。从图 4-5 中还可以观察到，随着应变的增大，指向角富集的现象加剧，这是由压缩后线匝指向角总体增大且上下边界所占比例增大的影响叠加造成的。此外，材料在压缩的初始阶段并未

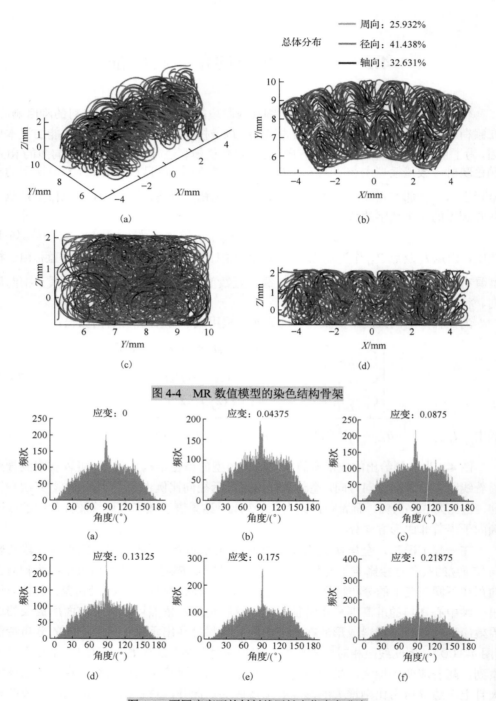

图 4-4　MR 数值模型的染色结构骨架

图 4-5　不同应变下的材料线匝轴向指向角分布

发生较大的指向角分布改变，这种分布的改变是随着应变的增加而非线性加剧的，这种现象也在一定程度上解释了金属橡胶材料的非线性力学特征，在压缩的初始阶段，线匝间孔隙出现了收容的现象，从而未对指向角造成显著影响，这也是材料具有初始准线性刚度响应阶段的细观机理，压缩的增加使得细观线匝指向角更加富集于 90° 叠加，上接触点大量增多共同造成了材料整体刚度指数增大的响应阶段。

4.3　线匝接触特征动态追踪

金属橡胶作为一种非线性干摩擦多孔材料，当其承受载荷时，螺旋卷间的相互勾连接触使得金属橡胶内部线匝间存在着大量的点接触和线接触的接触形式，见图 4-6(a)，以及在接触点处发生滑移摩擦和径向挤压等接触状态，见图 4-6(b)。

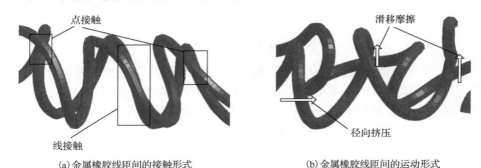

(a) 金属橡胶线匝间的接触形式　　　　　　(b) 金属橡胶线匝间的运动形式

图 4-6　线匝接触形式及接触状态

而金属橡胶正是通过各线匝间的挤压变形和摩擦接触来耗散能量的，但不同的接触形式与摩擦状态对于金属橡胶的力学性能会产生不同的影响。然而，前述章节基于有限元思想的接触判别并不能很好地抽离出基于材料细观等效结构的接触参数。为此，有必要通过等效搜索的方式对不同接触形式的接触点数量及接触位置的预估和接触点摩擦状态进行精确追踪，进一步从微观的角度揭示金属橡胶的非线性力学性能。

4.3.1　基于小球算法的线匝间接触状态动态追踪

为精确描述金属橡胶线匝间的随机接触特性，本节利用小球算法[2,3]以微元化后的线匝段质心为圆心，以接触阈值 Δ 为半径，创建接触小球，如图 4-7 所示，通过模型加卸载过程中各线匝间接触小球的接触个数来确定螺旋卷线匝的接触点数量。采用超维度空间矩阵存放加卸载中发生碰撞接触的小球空间坐标参数，同时使用禁忌搜索算法[4]模拟人类的记忆存储以及寻优功能，通过局部微元小球的邻域搜索机制以及禁忌暂存准则来避免迂回搜索，进而实现线匝间接触点的有效搜索并实时存放线接触数据，然后将已搜索的线匝放入禁忌区间以避免线匝间的重复搜索。在监测到线匝间连续接触点个数≥3 时，判断该区域为线接触形式并将其存入禁忌搜索列表中，实现约束搜索区域，从而有效地预估金属橡胶在冲压和加卸载中线接触与点接触的数量变化，克服常规搜索模式中将线接触与点接触重复搜索而造成的统计错误。

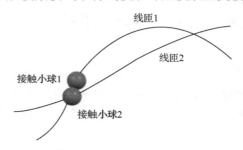

图 4-7　接触小球搜索示意图

　　其中，接触阈值 Δ 的设定（这里选择阈值 Δ 为 1.1 倍的金属丝直径）对于模型中线匝微元段的搜索精度至关重要（因为过大的微元划分会降低搜索精度，而过小的微元划分会造成大量重复搜索），本书中接触小球的半径取接触阈值的 1/2。设模型中线匝根数为 n，通过搜索 n-1 根线匝建立解空间集合 S：

$$S = \{\pi_1, \pi_2, \cdots, \pi_{nn}\} \tag{4-3}$$

式中，π 为每一根线匝的空间微元集合，$nn = n-1$。

　　通过以解空间集合 S 中的线匝微元段质点为圆心，根据接触阈值设定半径创建接触小球模型，将每一根线匝的接触小球分别与解空间集合中的其他线匝的接触小球进行目标函数的计算，并将每一次计算的目标函数值与设定的接触阈值进行比较，判断小球是否发生了接触，从而得到伪最优值 γ，并放入候选集合内，将搜索完毕的线匝放入禁忌区间，避免重复搜索从而减少搜索时间。

　　其中，目标函数为

$$F_k(\pi_{i,j}) = \sqrt{(x_{i,j} - x_{i+1,j})^2 + (y_{i,j} - y_{i+1,j})^2 + (z_{i,j} - z_{i+1,j})^2}, \quad i = 1, 2, \cdots, nn;$$
$$k = i+1, i+2, \cdots, n; j = 1, 2, \cdots, jj \tag{4-4}$$

式中，x_i, y_i, z_i 表示进行搜索的接触小球的圆心坐标；x_j, y_j, z_j 表示空间几何中备选线匝中待搜索的小球圆心坐标；jj 为第 k 根接触小球总数。

　　通过每一根线匝搜索过程中目标函数与接触阈值的比较，将符合条件的伪最优值 γ 暂存入候选集中，然后精确定位其接触小球的圆心坐标，以便进一步进行接触点的实时更新：

$$F_k(\pi_{i,j}) \leqslant \Delta \tag{4-5}$$

重新调出禁忌区域的线匝，将所有的禁忌区域中各螺旋卷的接触点存放在一个搜索集合 H 中，以便进行定位各螺旋卷间连续接触的部分：

$$H(\gamma_{i,h_i}) = \left\{ \upsilon_1, \cdots, \upsilon_{\sum_{i=1:n} h_i} \right\} \tag{4-6}$$

式中，h_i 为禁忌区域中第 i 根螺旋卷的接触小球个数；n 为螺旋卷总根数。

将等间距连续序号的伪最优候选点分别与从禁忌区域中重新调出的接触小球进行比较：若不同线匝间相对应位置的连续接触小球同时满足目标函数，则该范围内的接触被视为线接触：

$$\begin{cases} \sqrt{(x_{i,j}-x_{i+1,j})^2 + (y_{i,j}-y_{i+1,j})^2 + (z_{i,j}-z_{i+1,j})^2} \leqslant \Delta \\ \sqrt{(x_{i,j+1}-x_{i+1,j+1})^2 + (y_{i,j+1}-y_{i+1,j+1})^2 + (z_{i,j+1}-z_{i+1,j+1})^2} \leqslant \Delta, \ i=1,2,\cdots,nn; j=1,2,\cdots,jj-2 \\ \sqrt{(x_{i,j+2}-x_{i+1,j+2})^2 + (y_{i,j+2}-y_{i+1,j+2})^2 + (z_{i,j+2}-z_{i+1,j+2})^2} \leqslant \Delta \end{cases} \tag{4-7}$$

式中，$x_{i,j}, y_{i,j}, z_{i,j}$ 与 $x_{i+1,j}, y_{i+1,j}, z_{i+1,j}$ 分别表示发生接触的微元小球的圆心坐标；$x_{i,j+1}, y_{i,j+1}, z_{i,j+1}$ 与 $x_{i+1,j+1}, y_{i+1,j+1}, z_{i+1,j+1}$ 分别表示相邻微元小球的圆心坐标。

在每一次的迭代更新中将候选集中满足式 (4-7) 的伪最优解存入禁忌列表，进而更新候选集，得到最优解集 γ'。通过上述不断迭代更新候选集，排除线接触的干扰，最终得到在某时刻模型的接触点数量。

金属橡胶内部线匝间存在径向挤压与滑移摩擦两种接触状态，如图 4-6(b) 所示。为了动态追踪受载过程中金属橡胶内部线匝间的接触状态，本章在预估出接触点数量的基础上，利用超维度空间矩阵实时定位存放接触点的空间坐标并进行一系列的动态追踪，即将某一时刻的接触点空间坐标作为一系列三维矩阵存放，将时间变量作为第四维度，从而推导金属橡胶线匝间接触点接触状态的动态变化过程：

$$U(x_{i,j}, y_{i,j}, z_{i,j}) = \{t\} \tag{4-8}$$

通过空间矩阵中相邻时间内接触小球的相对位移来判定线匝间接触点的运动形态：

$$\begin{cases} D_{i,j,t} = \sqrt{(x_{i,j,t}-x_{i+1,j,t})^2 + (y_{i,j,t}-y_{i+1,j,t})^2 + (z_{i,j,t}-z_{i+1,j,t})^2} \\ D'_{i,j,t+1} = \sqrt{(x_{i,j,t+1}-x_{i+1,j,t+1})^2 + (y_{i,j,t+1}-y_{i+1,j,t+1})^2 + (z_{i,j,t+1}-z_{i+1,j,t+1})^2} \end{cases} \tag{4-9}$$

式中，$D_{i,j,t}$ 为前一时刻接触点的相对位移；$D'_{i,j,t+1}$ 为后一时刻接触点的相对位移。线匝接触点运动形态的判断标准为

$$D_{i,j,t} = D'_{i,j,t+1} \tag{4-10}$$

在每一次接触形态的判断中，若式(4-10)成立，则接触对为径向挤压；若式(4-10)不成立，则接触对为接触滑移。

接触点统计及接触形态追踪算法流程图如图4-8所示。

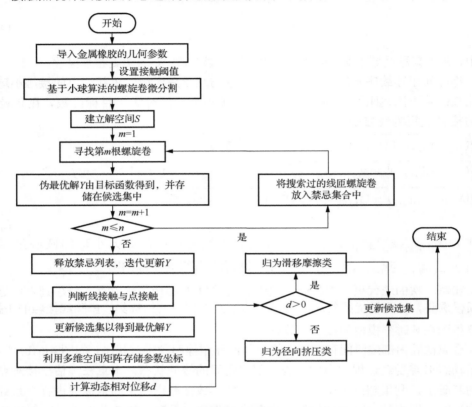

图 4-8　接触点统计及接触形态追踪算法流程图

4.3.2　基于元胞组模型的金属橡胶复杂结构动态重构

除了采用小球算法进行线匝接触特征动态追踪以外，近年来，学者通过构建元胞组模型，在地理形貌演化模拟[5,6]、城市土地规划[7-9]、交通系统微观建模[10,11]等方面展开了深入讨论，解决了现有复杂系统中的微元精确表征问题，因此，元胞组模型是精确判定复杂构型空间行为方式的有效方法之一。通过空间模型的动态离散化处理，基于聚类分析[12,13]对高度非线性的离散化结构进行准线性重构，离散微元精度的提高可以大大增加模型接触行为的搜索效率，全面还原金属橡胶内部线匝的真实空间接触状态。

图4-9是通过线性微元段的虚拟重构，完成基于金属橡胶空间线匝结构的元胞系

列组数值模型的建立。考虑到不同螺旋卷间存在的元胞组异面与平行面情况，定义不同情况下的主元胞向量与试验元胞向量。主元胞向量为主动参与接触边界搜索判定的元胞向量，试验元胞向量为被动参与接触边界搜索判定的元胞向量。

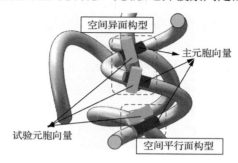

图 4-9　金属橡胶元胞组模型示意图

（1）元胞组异面（含相交）。

主元胞向量为

$$\overrightarrow{\mathrm{DV}_i}(x,y,z) = \mathrm{Sub}_{i+1}\left(x_b, y_b, z_b\right) - \mathrm{Sub}_i\left(x_a, y_a, z_a\right) \tag{4-11}$$

式中，$\mathrm{Sub}_{i+1}\left(x_b, y_b, z_b\right)$ 为主元胞尾端空间坐标；$\mathrm{Sub}_i\left(x_a, y_a, z_a\right)$ 为主元胞首端空间坐标。另外，试验元胞向量为

$$\overrightarrow{\mathrm{DV}_i'}(x,y,z) = O_{b_{i+1}}\left(x_d, y_d, z_d\right) - O_{b_i}\left(x_c, y_c, z_c\right) \tag{4-12}$$

式中，$O_{b_{i+1}}\left(x_d, y_d, z_d\right)$ 为试验元胞尾端空间坐标；$O_{b_i}\left(x_c, y_c, z_c\right)$ 为试验元胞首端空间坐标。

得到主元胞向量与试验元胞向量的公垂线向量为

$$\overrightarrow{\mathrm{VV}_i}(x,y,z) = \overrightarrow{\mathrm{DV}_i}(x,y,z) \cdot \overrightarrow{\mathrm{DV}_i'}(x,y,z) \tag{4-13}$$

定义任意向量：

$$\overrightarrow{\mathrm{ArV}_i}(x,y,z) = O_{b_i}\left(x_c, y_c, z_c\right) - \mathrm{Sub}_i\left(x_a, y_a, z_a\right) \tag{4-14}$$

根据空间向量投影法进行在公垂线上的向量投影，获得元胞组间的最小距离：

$$\mathrm{distance} = \frac{\left|\overrightarrow{\mathrm{VV}_i} \cdot \overrightarrow{\mathrm{ArV}_i}\right|}{\overrightarrow{\mathrm{VV}_i}} \tag{4-15}$$

（2）若元胞组存在着平行（含重合）的现象：

$$\overrightarrow{\mathrm{DV}_i}(x,y,z) = R \cdot \overrightarrow{\mathrm{DV}_i'}(x,y,z) \tag{4-16}$$

式中，R 为某一实数。则

$$\overrightarrow{\mathrm{ArV}_i}(x,y,z) = R \cdot O_{b_i}\left(x_c, y_c, z_c\right) - \mathrm{Sub}_i\left(x_a, y_a, z_a\right) \tag{4-17}$$

$$\text{distance} = \frac{\left| \overline{\text{ArV}_i}(x,y,z) \cdot \overline{\text{DV}_i}(x,y,z) \right|}{\left| \overline{\text{DV}_i}(x,y,z) \right|} \tag{4-18}$$

在完成了元胞组最小距离判定的基础上，进行元胞组模型接触空间的精确定位搜索。假定主元胞与试验元胞的空间接触点为：$M\left(x_m, y_m, z_m\right)$，$N\left(x_n, y_n, z_n\right)$。

令

$$\begin{cases} M\left(x_m, y_m, z_m\right) = t_1 \cdot \overline{\text{DV}_i}(x,y,z) + \text{Sub}_i\left(x_a, y_a, z_a\right) \\ N\left(x_n, y_n, z_n\right) = t_2 \cdot \overline{\text{DV}_i'}(x,y,z) + O_{b_i}\left(x_c, y_c, z_c\right) \end{cases} \tag{4-19}$$

式中，

$$x_m = \frac{\left(x_b - x_a\right) \cdot \left(F_3 \cdot F_1' - F_3' \cdot F_2\right)}{F_1 \cdot F_1' - F_2^2} + x_a, \quad y_m = \frac{\left(y_b - y_a\right) \cdot \left(F_3 \cdot F_1' - F_3' \cdot F_2\right)}{F_1 \cdot F_1' - F_2^2} + y_a$$

$$z_m = \frac{\left(z_b - z_a\right) \cdot \left(F_3 \cdot F_1' - F_3' \cdot F_2\right)}{F_1 \cdot F_1' - F_2^2} + z_a, \quad x_n = \frac{\left(x_d - x_c\right) \cdot \left(F_3' \cdot F_1 - F_3 \cdot F_2\right)}{F_2^2 - F_1 \cdot F_1'} + x_c$$

$$y_n = \frac{\left(y_d - y_c\right)\left(F_3' \cdot F_1 - F_3 \cdot F_2\right)}{F_2^2 - F_1 \cdot F_1'} + y_c, \quad z_n = \frac{\left(z_d - z_c\right)\left(F_3' \cdot F_1 - F_3 \cdot F_2\right)}{F_2^2 - F_1 \cdot F_1'} + z_c$$

联立式(4-19)，则

$$\overline{\text{MN}}(x,y,z) = t_2 \cdot \overline{\text{DV}_i'}(x,y,z) + O_{b_i}\left(x_c, y_c, z_c\right) - t_1 \overline{\text{DV}_i'}(x,y,z) - \text{Sub}_i\left(x_a, y_a, z_a\right)$$

$$= \left(t_2\left(x_d - x_c\right) + x_c - t_1\left(x_b - x_a\right) - x_a, t_2\left(y_d - y_c\right) + y_c - t_1\left(y_b - y_a\right) - y_a, \right.$$

$$\left. t_2\left(z_d - z_c\right) + z_c - t_1\left(z_b - z_a\right) - z_a\right) \tag{4-20}$$

根据公垂线定理，矢量 $\overline{\text{MN}}(x,y,z)$ 同时垂直于主元胞与试验元胞，因此，根据空间矢量点积特性，有

$$\begin{cases} \overline{\text{DV}_i}(x,y,z) \cdot \overline{\text{MN}}(x,y,z) = 0 \\ \overline{\text{DV}_i'}(x,y,z) \cdot \overline{\text{MN}}(x,y,z) = 0 \end{cases} \tag{4-21}$$

为了进一步简化，令

$$\begin{cases} F_1 = \left(x_b - x_a\right)^2 + \left(y_b - y_a\right)^2 + \left(z_b - z_a\right)^2 \\ F_1' = \left(x_d - x_c\right)^2 + \left(y_d - y_c\right)^2 + \left(z_d - z_c\right)^2 \\ F_2 = \left(x_b - x_a\right)\left(x_d - x_c\right) + \left(y_b - y_a\right)\left(y_d - y_c\right) + \left(z_b - z_a\right)\left(z_d - z_c\right) \\ F_3 = \left(x_b - x_a\right)\left(x_c - x_a\right) + \left(y_b - y_a\right)\left(y_c - y_a\right) + \left(z_b - z_a\right)\left(z_c - z_a\right) \\ F_3' = \left(x_d - x_c\right)\left(x_c - x_a\right) + \left(y_d - y_c\right)\left(y_c - y_a\right) + \left(z_d - z_c\right)\left(z_c - z_a\right) \end{cases} \tag{4-22}$$

联立式(4-22)得

$$t_1 = \frac{F_3 \cdot F_1' - F_3' \cdot F_2}{F_1 \cdot F_1' - F_2^2}, \quad t_2 = \frac{F_3' \cdot F_1 - F_2 \cdot F_3}{F_2^2 - F_1 \cdot F_1'} \tag{4-23}$$

至此便完成了元胞组的接触搜索：$M(x_m, y_m, z_m)$，$N(x_n, y_n, z_n)$。

4.3.3　线匝接触点预估与接触状态的动态追踪结果

4.3.1 节和 4.3.2 节的接触点预估方法分别适用于不同的预估目标，小球算法能够较为快速地统计材料内部不同形式接触点的变化规律，但无法针对接触微元对的相对位置进行准确描述，而基于元胞组模型将精确给出这一特征，却也将带来大量的计算耗时。至此，本节将在图 3-2 给出的有限元模型的基础上，采用小球算法与禁忌搜索算法对金属橡胶内部微元弹簧的细观接触进行深入探究。而元胞组模型将在后续章节进行描述。

通过微元弹簧的接触判定获得了金属橡胶内部的空间接触点动态分布图，如图 4-10 所示。其中图 4-10(a)～(c)为加载阶段，图 4-10(d)为卸载终止时刻。

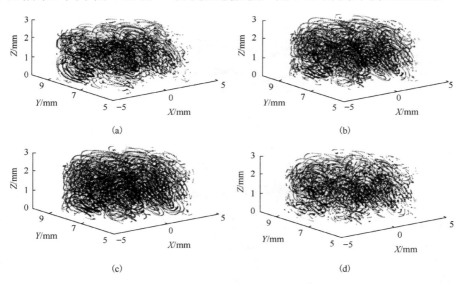

图 4-10　金属橡胶成形方向载荷接触点空间分布图

从图 4-10 可知，在初始空间接触状态一致的基础上，同一大小外载作用下，成形方向的金属橡胶接触点在 Z 轴方向上发生了空间偏移，接触点数量显著上升；而非成形方向的金属橡胶内部接触点在时间序列上呈现出相对稀疏零散的状态分布。

为直观分析金属橡胶内部接触点随外载作用后的变化趋势，对接触点进行统计，如图 4-11(a)所示。这与图 4-10 的趋势基本一致。金属橡胶各向异性的力学性能不仅与接触点数量有关，还与接触摩擦方式密不可分，通过统计各微元弹簧的接触形式比例，分析其在宏观上的力学特性，见图 4-11(b)。

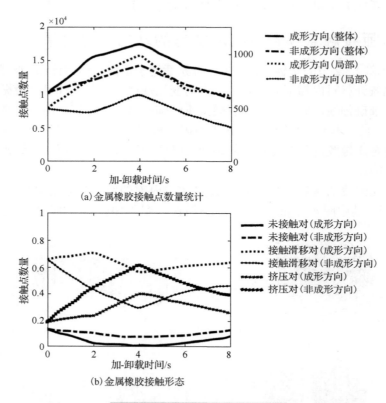

图 4-11　金属橡胶接触状态统计图

　　从图 4-11(b)可以清晰地看出，在外载作用下，成形方向微元弹簧间的未接触对比例减少，接触滑移对占比在小幅度增加后逐渐降低，卸载后又出现了回增现象；另外，成形方向的微元弹簧间由于金属丝之间的"锁死"状态而产生的挤压对比例逐渐增加，并且在卸载后呈现出松弛回弹的现象。与此同时，还可以看出无论在何阶段，成形方向金属橡胶微元弹簧间的接触区域滑移摩擦占据着大部分比例，这也是材料在成形方向上由于微元弹簧间的滑移摩擦造成其刚度非线性的重要因素。相比于成形方向，非成形方向的未接触对比例较高。较多的未接触微元弹簧需通过微元弹簧间的间隙调整来抵抗外力作用，同时接触滑移对占比呈现大幅度降低，更多是转化为微元弹簧间叠加作用所引起的互锁挤压情况。这种交错勾连的空间几何拓扑结构，产生了微元弹簧自身径向剪切的大刚度，使得微元弹簧间由于空间干涉约束产生的滑移摩擦现象不显著，这极大程度上依赖于材料内部的"锁死挤压"作用，因而使得金属橡胶在非成形方向上展现出"大刚度"的本构特性。

参 考 文 献

[1]　MA Y H, ZHANG Q C, WANG Y F, et al. Topology and mechanics of metal rubber via X-ray tomography[J]. Materials Design, 2019, 181: 108067.

[2]　NOUR-OMID B, WRIGGERS P. A two-level iteration method for solution of contact problems[J]. Computer methods in applied mechanics and engineering, 1986, 54(2): 131-144.

[3]　Cho C N, Kim J H, Kim Y L, et al. Collision Detection Algorithm To Distinguish Between Intended Contact and Unexpected Collision[J]. Advanced Robotics, 2012, 26(16): 1825-1840.

[4]　CORDEAU J F , LAPORTE G , MERCIER A. A unified tabu search heuristic for vehicle routing problems with time windows[J]. The journal of the operational research society, 2001, 52(8): 928-936.

[5]　黄翀, 刘高焕. 元胞模型在地貌演化模拟中的应用浅析[J]. 地理科学进展, 2005, 24(1): 105-115.

[6]　姚远. 弹脆性键元胞模型及其在岩石动态断裂模拟中的应用[D]. 上海: 上海交通大学, 2016.

[7]　冯永玖, 刘妙龙, 童小华, 等. 基于核主成分元胞模型的城市演化重建与预测[J]. 地理学报, 2010, 65(6): 665-675.

[8]　冯永玖, 童小华, 刘妙龙. 基于偏最小二乘地理元胞模型的城市生长模拟[J]. 同济大学学报(自然科学版), 2010, 38(4): 608-612.

[9]　冯永玖, 童小华, 刘妙龙. 城市形态演化的粒子群智能随机元胞模型与应用——以上海市嘉定区为例[J]. 地球信息科学学报, 2010, 12(1): 17-25.

[10]　李新刚. 基于元胞自动机模型的交通系统微观建模与特性研究[D]. 北京: 北京交通大学, 2009.

[11]　李曙光, 张敬茹, 余洪凯, 等. 动态元胞传输模型仿真设计[J]. 郑州大学学报(工学版), 2011, 32(6): 105-107, 112.

[12]　复旦大学数学系, 黄宣国. 空间解析几何与微分几何[M]. 上海: 复旦大学出版社, 2003.

[13]　李良树. N-维欧氏空间超曲面的微分几何[D]. 武汉: 华中师范大学, 2007.

第 5 章　基于细观结构的金属 橡胶刚度本构模型研究

在现有的众多金属橡胶细观力学模型中，用细观单元的组合能够较好地描述材料的刚度特性，并且取得了显著成果。然而由于金属橡胶的内部组织结构形态十分复杂，且难以被准确获取，这些模型不可避免地使用了唯象的方法进行建立，这使得建立的数学模型中包含了物理意义并不十分明确的参数，难以探究材料受载时细观结构的实际变化情况。因此，本章将根据虚拟制备技术得到的几何模型，对材料受载时的细观结构变化进行研究，对非线性刚度特性的细观机理进行描述。通过引入空间随机分布微元弹簧单元与微元对概率分布特征，构建一种真实有效的刚度本构模型，以对材料的成形方向及非成形方向的非线性力学行为进行有效预测。

5.1　金属橡胶的复杂非线性本构特性分析

由 1.2 节金属橡胶制备工艺概述可知，金属橡胶材料的制备工艺比较烦琐，任意材料参数与制备工艺的改变均会引起金属橡胶内部线匝结构纹路的变化。图 5-1 为基于虚拟成形技术的金属橡胶有限元模型。

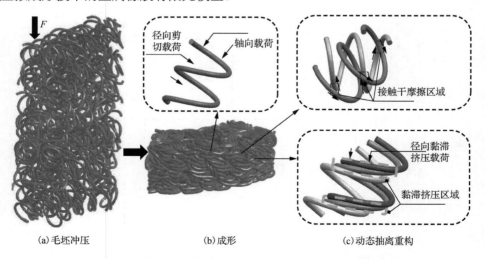

(a)毛坯冲压　　　　　(b)成形　　　　　(c)动态抽离重构

图 5-1　基于虚拟制备技术的金属橡胶数值重构示意图

　　该模型可以直观反映出各线匝在交互式载荷下，呈现螺旋卷的径/轴向弹性形变、接触干摩擦以及层叠式黏滞挤压的相互作用形式。金属橡胶通过其各种无序分布线匝组合的挤压滑移与挤压变形，使得材料耗散大量能量达到阻尼减振作用。因此该材料的本构关系十分复杂，本章将基于上述模型对金属橡胶线匝的微观形态进行深入讨论与分析，从而展开该材料本构关系模型的构建。

5.2　微元弹簧单元体的空间随机分布模型

　　关于金属橡胶本构建模的研究在第 1 章绪论中已经提到，余慧杰等[1]在以线匝螺旋卷作为材料基本微元体结构的基础上，分别建立了横向和纵向排列的微元体结构。虽然微元体的构建在一定程度上反映了金属橡胶的基本组成，但其有序排列形式难以有效解释材料内部线匝的无序交缠现象。因此，为真实反映金属橡胶的内部线匝微元无序式分布现象，本节基于虚拟制备技术的线匝微元离散提取技术，引入材料内部微元体在承受交互式载荷下的径向形变与轴向形变，构建微元弹簧单元体的空间随机分布模型，如图 5-2 所示。

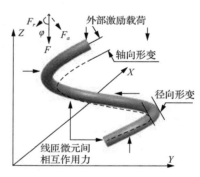

(a) 金属橡胶单线匝抽离与微元截断　　　　　(b) 微元弹簧单元体结构示意图

图 5-2　基于虚拟制备技术的微元弹簧单元体构建

　　根据高等材料力学与弹簧理论[2,3]，在微元弹簧单元体中构建子微元块。子微元块承受轴向载荷、回转扭矩/弯矩以及径向剪切作用力的受力分析，如图 5-3(a)所示。

　　由图 5-2 可知，以金属橡胶内部线匝微元空间分布角度 φ 为变量，结合卡氏定理探究在不同应变下材料内部线匝微元的自形态变化(在本章中将引入两个动态自形变分量：微元弹簧单元体的径向剪切形变与轴向弹性形变)以及基于空间随机分布的微元弹簧单元体受载形式。从图 5-3(b)中可看出：微元弹簧单元体实际上受到了轴向载荷与径向载荷的共同作用。φ 为径向载荷 F_r 与成形方向作用力 F 所夹锐角，即金属橡胶内部螺旋线匝的排列分布角度。

微元弹簧在成形方向载荷下的轴向分力与径向分力分别为

$$\begin{cases} F_a = F\sin\varphi \\ F_r = F\cos\varphi \end{cases} \tag{5-1}$$

如图 5-3 所示，在径向载荷和轴向载荷的共同作用下，微元弹簧单元体受到绕 t 轴回转的扭矩 T_{t1}、T_{t2}，绕 b 轴回转的弯矩 M_{b1}、M_{b2}，沿 t 轴作用的法向力(轴向力) F_{t1}、F_{t2}，沿 b 轴作用的径向力 F_{b1}、F_{b2}。对于微元弹簧单元体而言，径向力对变形能的贡献很小，忽略其影响。综上所述，基于卡氏定理得到微元弹簧单元体在各分载荷作用方向的形变如下：

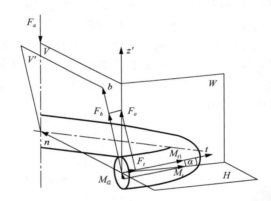

(a)子微元块受力示意图

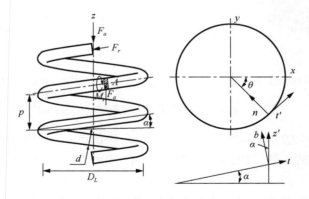

(b)微元弹簧单元体载荷分解

图 5-3　微元弹簧截面受力分析示意图

$$\begin{cases} \Delta Z = \int_0^l \dfrac{\partial T_{t1}}{\partial F} \cdot \dfrac{T_{t1}}{GI_p} \mathrm{d}s + \int_0^l \dfrac{\partial M_{b1}}{\partial F} \cdot \dfrac{M_{b1}}{EI} \mathrm{d}s + \int_0^l \dfrac{\partial F_{t1}}{\partial F} \cdot \dfrac{F_{t1}}{EA} \mathrm{d}s \\[2mm] \qquad = \dfrac{4F_a D\left[4D^2 \cos\alpha (1+r) + \tan\alpha \sin\alpha \left(4D^2 + d^2\right)\right]}{Ed^4} \\[2mm] \Delta R = \int_0^l \dfrac{\partial T_{t2}}{\partial F_r} \cdot \dfrac{T_{t2}}{GI_p} \mathrm{d}s + \int_0^l \dfrac{\partial M_{b2}}{\partial F_r} \cdot \dfrac{M_{b2}}{EI_b} \mathrm{d}s + \int_0^l \dfrac{\partial M_{n2}}{\partial F_r} \cdot \dfrac{M_{n2}}{EI_n} \mathrm{d}s + \int_0^l \dfrac{\partial F_{t2}}{\partial F_r} \cdot \dfrac{F_{t2}}{EA} \mathrm{d}s \\[2mm] \qquad = \dfrac{4F_r D^3[(1+r)\sin^2\alpha + \cos^2\alpha + \pi^2 \tan^2\alpha] + F_r D d^2 \cos^2\alpha}{2Ed^4 \cos\alpha} \end{cases} \quad (5\text{-}2)$$

式中，$T_{t1} = \dfrac{FD}{2}\cos\alpha$；$M_{b1} = \dfrac{FD}{2}\sin\alpha$；$F_{t1} = F\sin\alpha$；$\alpha$ 为微元弹簧螺旋角；$I = \dfrac{\pi d^4}{64}$；$I_p = \dfrac{\pi d^4}{32}$；$\mathrm{d}s = \dfrac{D\mathrm{d}\theta}{2\cos\alpha}$；$G = \dfrac{E}{2(1+r)}$；$D$ 为微元弹簧中径；d 为金属丝材料直径；E 为材料弹性模量；r 为泊松比；$A = \dfrac{\pi d^2}{4}$；$T_{t2} = M\cos\theta\cos\alpha - \dfrac{F_r D}{2}\sin\theta\sin\alpha$；$l = 2\pi$；$M_{b2} = -M\cos\theta\sin\alpha - \dfrac{F_r D}{2}\sin\theta\cos\alpha$；$M_{n2} = M\sin\theta$；$M = F_r\delta$；$F_{t2} = F_r\sin\theta\cos\alpha$；$\theta$ 为弹簧微元自 XZ 垂直平面至微元卷任意截面的极角；$I_b = I_n = \dfrac{\pi d^4}{64}$；$\delta$ 为螺距，$\delta = \dfrac{\pi D\tan\alpha}{2}$。

由图 5-3(b)可知，金属橡胶沿着成形方向载荷下的综合形变为

$$\Delta n = \Delta Z\sin\varphi + \Delta R\cos\varphi \quad (5\text{-}3)$$

至此，得到了金属橡胶在成形方向载荷作用下，空间任意角度分布的微元弹簧模型沿成形方向的刚度：

$$k(\varphi) = \frac{F}{\Delta n} = \frac{2Ed^4 \cos\alpha}{8D\sin^2\varphi\left[\omega_1(\alpha) + D\cos^2\varphi(\omega_2(\alpha))\right]} \quad (5\text{-}4)$$

式中，

$$\omega_1 = 4D^2(1+r)\cos\alpha + \tan\alpha\sin\alpha(4D^2 + d^2);$$
$$\omega_2 = \frac{4D^2 + 4D^2 r\sin^2\alpha + d\cos^2\alpha + 4\pi^2 D^2 \tan^2\alpha}{\cos\alpha},$$

其表征着微元弹簧单元体在载荷作用下的自形变参量。

5.3　微元空间几何拓扑结构的分析与讨论

5.3.1　微元空间分布规律

　　金属橡胶内部线匝无序互穿式的空间分布规律主要体现为：线匝空间分布角度各异，以及线匝空间接触点数量与应变的复杂关系，金属橡胶毛坯缠绕角度是决定该材料线匝螺旋卷初始分布的重要制备参数。虽然在金属橡胶冲压成形过程中材料内部线匝分布发生了一系列复杂无序的微元体空间偏移，但其分布规律仍然与毛坯初始缠绕角度有着密不可分的关系。金属橡胶中内部微元弹簧的刚度与其空间分布角度 φ 有着复杂的非线性关系。因此，本章构建参数有效的金属橡胶有限元模型（参考第 3 章所建立），基于虚拟制备技术对模型进行实时重构与动态分析，采用小球算法，释放禁忌列表中的最优解集并设定金属橡胶内部微元弹簧空间分布角度 φ 的存储集合：小角度（0°～30°），中等角度（30°～60°），大角度（60°～90°）。将空间分布角度 φ 进行分类统计，深入探究不同缠绕角度下金属橡胶内部螺旋卷微元的空间排布规律，相关统计数据见图 5-4。

　　从图 5-4(a)～(c)中可以明确地观察到，30°毛坯缠绕角度的金属橡胶大角度分布微元弹簧，其占据着金属橡胶内部螺旋卷空间分布的大部分，甚至随着毛坯缠绕角度的增加，内部线匝 30°～60°空间分布的占比显著上升。这是因为在材料冲压成形中初始毛坯缠绕角度较大的金属橡胶，其线匝间更易形成挤压堆叠结构，致使最终成品内部线匝的空间分布角度 φ 的中低角度占比越来越大。由图 5-4(b)与(d)可知，金属橡胶随着应变不断变化，由于载荷施加方向是在金属橡胶的成形方向上，螺旋卷的大角度分布占比呈现小幅度的减小，小角度与中等角度的分布占比在一定程度上不断增加。然而，金属橡胶在巨大的成形冲压压力与一系列热处理工艺下，其内部线匝空间分布角度比例已经基本固定，后期材料应用中应变的小幅度变化对其线匝分布规律影响较小。

　　金属橡胶内部线匝的无规律性除了其线匝微元在空间分布角度呈现无序式排列外，线匝接触点的数量与空间离散化分布也和材料的制备参数紧密相关。Ren 等[4]提出了毛坯缠绕角度在直接改变金属橡胶线匝纹路形式的基础上对于材料内部线匝间的接触点数量有着重大的影响。从图 5-4 也可看出，缠绕角度的增大，在改变材料毛坯表面线匝初始分布的同时使得在毛坯内部线匝中微元体间空间角度 φ 逐渐减小，在成形方向激励下线匝间所呈现的接触挤压面积显著增大。在本章中，基于材料的离散建模与阈值提取技术，构建了不同毛坯缠绕角度的金属橡胶三维空间线匝接触点分布模型，如图 5-5 所示。

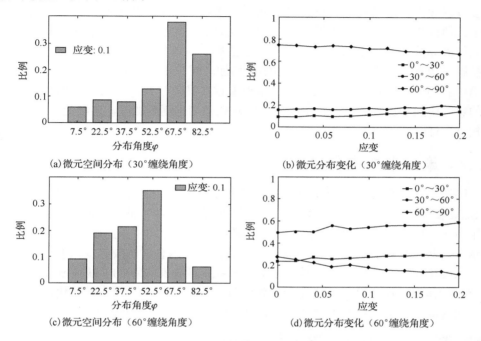

(a) 微元空间分布（30°缠绕角度）

(b) 微元分布变化（30°缠绕角度）

(c) 微元空间分布（60°缠绕角度）

(d) 微元分布变化（60°缠绕角度）

图 5-4　金属橡胶微元线匝空间分布规律

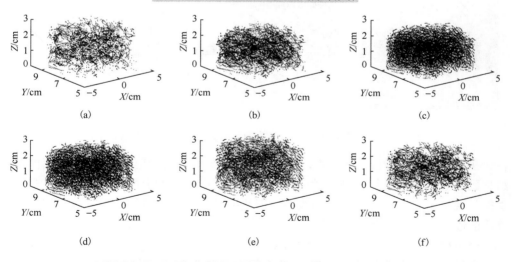

图 5-5　金属橡胶内部线匝接触点三维空间分布（30°缠绕角度）

图 5-5(a)～(c)为金属橡胶逐渐受载的过程，其中图 5-5(c)为载荷作用的极限时刻；图 5-5 (d)和(e)为金属橡胶逐渐卸载的过程。从图中可以清晰地看出：随着载荷在金属橡胶上的逐渐施加，材料内部线匝间接触点数量不断上升。但在卸载时期，由于线匝间失去了外界输入激励而逐渐恢复原状，其接触点数量呈现下降的趋势，并且卸载完成后，由于部分线匝间的挤压黏滞作用未完全恢复原始状态，金属橡胶的接触点数量相对于初始时刻呈现小幅度增加。同时还可看出随着缠绕角度的增加，金属橡胶由于其内部线匝间的勾连交错现象越发显著，其线匝微元间相互点接触形式的数量明显增加，其接触点空间的无序复杂程度也逐渐加深，该结论与第 4 章内容相互印证。

5.3.2　摩擦形态演化规律

除了上述中所讨论的金属橡胶内部线匝微元的自形变以及无序式空间分布外，从 SEM 试验中可以观察到，材料在微观结构中的非线性特征还表现为：交互式载荷作用下金属橡胶螺旋卷空间堆叠，以及干摩擦滑移与径向挤压的摩擦形态，如图 5-6 所示。这些在介观层面的交替/复合作用下逐渐演化为金属橡胶的复杂非线性本构特征。从图中可知，在宏观上直接体现为材料在准静态载荷下的非线性刚度关系：由载荷初始作用时期近乎线性规律的线弹性阶段逐渐演化为刚度降低的软特性变形阶段，随着载荷的进一步作用刚度呈现出以指数形式增长的硬化阶段。

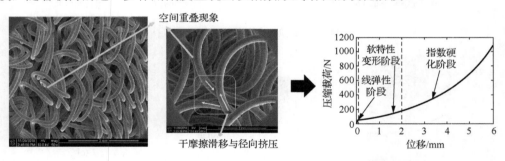

图 5-6　基于 SEM 的线匝微观摩擦形态及金属橡胶宏观非线性本构

在上述内容的分析与讨论中，通过 SEM 试验到准静态压缩试验，从材料的微观结构到宏观性质都进行了详尽讨论：金属橡胶在微观角度上的无序式网格互穿结构直接体现于材料宏观性能本构曲线中，即线弹性阶段、软特性变形阶段、指数硬化阶段的性能特征与临界演变过程。

金属橡胶在冷冲压成形后，材料未完全塑性变形，金属橡胶存储了部分弹性势能，在弹性恢复力的作用下，制品沿不同方向将呈现出不同程度的膨胀现象[5]。如图 5-6 所示，弹性回弹现象使得原本充分接触勾连的致密线匝出现了少量未接触状态的分离形态,故在成形方向载荷下的形变第一阶段中,大部分载荷由未接触的微元弹簧单独承受,因此呈现出第一阶段的近线性刚度。

从图 5-6 可以观察到,在线弹性阶段到软特性变形阶段的过程中,金属橡胶内部线匝间的间隙不断被填充,微元弹簧间便产生了一系列的空间碰撞接触现象。当微元弹簧间的切向摩擦力逐渐增大后,微元弹簧间的静态接触现象会逐渐演化成接触滑移的动摩擦状态,微元弹簧的刚度便由在其滑动过程中相互接触的微元弹簧组共同决定。

在软特性变形阶段到指数硬化阶段的过程中,线匝间的大部分接触点发生了滑移现象。随着可动空间不断减小,部分微元弹簧组逐渐演化为径向挤压形态,此时线匝间较难发生相对运动,这在宏观上表征为其刚度以指数的形式急剧增加。

综上讨论,金属橡胶刚度复杂非线性现象直接反映了材料介观结构中内部线匝接触对从未接触:图 5-7(a)(线性刚度特性)→接触滑移:图 5-7(b)(刚度衰减)→黏滞挤压:图 5-7(c)(刚度呈指数上升)的阶段性演变,进一步验证了材料载荷-变形曲线中的线弹性阶段-软特性变形阶段-指数硬化阶段。图 5-7 为金属橡胶内部螺旋卷微元间的接触状态示意图与不同接触形态下的微元弹簧组力学分析图。

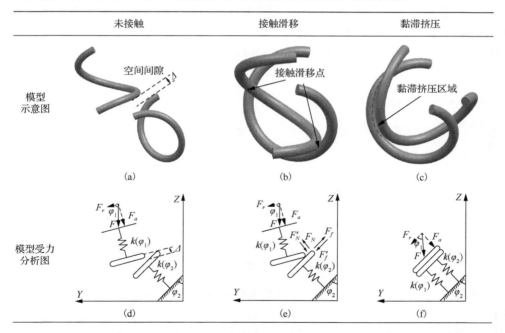

图 5-7　金属橡胶内部线匝间的接触状态示意图与不同接触形态下的微元弹簧组力学分析图

通过分析金属橡胶内部线匝间不同接触形态的变化,引入线匝的材料摩擦系数,探究不同接触形态的微元弹簧组刚度。如图 5-7(d)所示,未接触状态的微元弹簧在受载荷作用时，由于微元间的较大间隙，下端微元弹簧不受力的作用，因此未接触微元弹簧组的变形仅仅为上端微元弹簧的弹性变形，其等效总刚度为

$$k' = k(\varphi) \tag{5-5}$$

当微元弹簧组逐渐转化为接触滑移时，产生了支承力 F_N 与支反力 F_N'，以及微元间相对滑移时的滑动摩擦力 F_f、F_f'。根据高等材料力学[3]与图 5-7(e) 中的接触滑移组力学模型，得到发生了接触滑移时的微元弹簧组等效刚度为

$$k'' = \cfrac{k(\varphi_1)k(\varphi_2)}{\left[1 + \cfrac{\sin(|\varphi_1 - \varphi_2|) - \mu\cos(|\varphi_1 - \varphi_2|)}{\cos(|\varphi_1 - \varphi_2|) + \mu\sin(|\varphi_1 - \varphi_2|)}\tan(|\varphi_1 - \varphi_2|)\right]k(\varphi_1) + k(\varphi_2)} \tag{5-6}$$

式中，μ 为线匝材料的摩擦系数。

随着载荷的继续施加，微元弹簧组逐渐产生了明显的线接触，并较难再一次发生滑动现象。如图 5-7(f) 所示，此时微元对的接触状态为黏滞挤压并接近于并联结构，故其等效刚度为

$$k''' = k(\varphi_1) + k(\varphi_2) \tag{5-7}$$

基于上述金属橡胶有限元模型的线匝重组与摩擦形态的演变规律探究，通过线匝间接触点在时间序列下相对位移的动态变化，判定材料内部的接触干摩擦与黏滞挤压状态比例，得到金属橡胶内部螺旋卷微元接触形态分布规律，如图 5-8 所示。

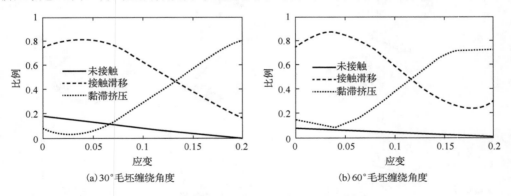

图 5-8　金属橡胶内部线匝摩擦形态分布占比

从图 5-8 中可以清晰地看出，在应变变化初期阶段，金属橡胶内部线匝在载荷作用下不断受迫靠拢，并发生了大量的接触滑移现象，因此未接触微元组占比急剧减少，接触滑移比例不断增加。随着应变的增大，微元组的未接触形态逐渐消失，此时金属橡胶不断被压紧，内部线匝螺旋卷的可动空间不断减小，使得接触滑移的微元组占比在上升到一定比例后开始下降，黏滞挤压的微元弹簧组占比急剧上升。从图中也可看出缠绕角度的改变对于金属橡胶内部线匝间摩擦形态演变的影响程度较小。

5.4　金属橡胶微元无序式随机组合的分析与讨论

　　金属橡胶错综的网格互穿结构不仅体现在材料内部线匝的无序性与接触方式的复杂多样性方面，其线匝间各角度随机分配组合对于材料复杂非线性的本构关系同样也有着重大影响。金属橡胶内部结构如图 5-6 所示，可以观察到金属橡胶结构内部的线匝在不同空间分布角度的基础上呈现出随机概率组合模式，例如，分布角度较大的线匝微元与分布角度较小的线匝微元的组合式接触滑移。不同的随机组合模式在承受交互式载荷时呈现出差异显著的力学行为。

　　与此同时，从式(5-5)~式(5-7)可看出，金属橡胶内部线匝微元各摩擦形态组合下的刚度与其各线匝所呈现的空间角度分布 φ_1、φ_2 密切相关。因此本节在金属橡胶微元体空间角度与接触形态深入分析讨论的基础上，首次提出了材料线匝无序式随机组合的概念，即通过不同空间角度微元弹簧与微元组间不同接触形态的随机组合概率，共同反映金属橡胶内部线匝间勾连无序的复杂螺旋网状结构，以进一步有效表征其内部随机性的组合式接触挤压现象，如表 5-1 所示。通过表 5-1 中不同空间角度分布的线匝对组合模式，结合式(5-5)~式(5-7)，可以更加精确有效地反映出金属橡胶复杂的非线性本构性质。

表 5-1　不同空间角度的接触形式组合分布

接触形态	空间组合分布					
未接触	0°~30°		30°~60°		60°~90°	
接触滑移	0°~30°	30°~60°	60°~90°	0°~30°	0°~30°	30°~60°
	0°~30°	30°~60°	60°~90°	30°~60°	60°~90°	60°~90°
黏滞挤压	0°~30°	30°~60°	60°~90°	0°~30°	0°~30°	30°~60°
	0°~30°	30°~60°	60°~90°	30°~60°	60°~90°	60°~90°

5.5　金属橡胶本构关系

　　结合前述讨论，基于微元弹簧空间组合概率分布的等效刚度表达式为

$$K'(\varepsilon) = k_1' \cdot n_1(\varepsilon) + k_2' \cdot n_2(\varepsilon) + k_3' \cdot n_3(\varepsilon) \tag{5-8}$$

$$K''(\varepsilon) = \sum_{i=1}^{3}\sum_{j=1}^{3} k_{i,j}'' \eta_{i,j}(\varepsilon) \tag{5-9}$$

$$K'''(\varepsilon) = \sum_{i=1}^{3} \sum_{j=1}^{3} k_{i,j}''' \eta_{i,j}(\varepsilon) \tag{5-10}$$

式中，$n_1(\varepsilon), n_2(\varepsilon), n_3(\varepsilon)$ 分别为不同应变下金属橡胶内部微元弹簧小/中/大角度分布占

比；$\eta_{i,j}(\varepsilon)$ 为第 i,j 个微元组合的概率分布，$\eta_{i,j}(\varepsilon) = \begin{cases} n_i \cdot n_j, & i = j \\ 2 \cdot n_i \cdot n_j, & i \neq j \end{cases}$ ；ε 为成形方

向的应变。

假设垂直于金属橡胶成形方向的单位面积上有 $L(\varepsilon)$ 个微元弹簧，在单位长度上

有 $m(\varepsilon)$ 层弹簧，则每一层单位面积的总刚度为

$$K_L(\varepsilon) = \sum_{i=1}^{N_1(\varepsilon) \cdot L(\varepsilon)} K'(\varepsilon) + \sum_{i=1}^{N_2(\varepsilon) \cdot L(\varepsilon)} K''(\varepsilon) + \sum_{i=1}^{N_3(\varepsilon) \cdot L(\varepsilon)} K'''(\varepsilon) \tag{5-11}$$

式中，$N_1(\varepsilon), N_2(\varepsilon), N_3(\varepsilon)$ 分别为未接触微元弹簧对占比、接触滑移微元弹簧对占比

与黏滞挤压微元弹簧对占比，且 $N_1(\varepsilon) + N_2(\varepsilon) + N_3(\varepsilon) = 1$。

由于各层之间的微元弹簧为串联关系，则金属橡胶的总等效刚度为

$$K_{mn} = \frac{\prod_{i=1}^{m} K_{in}}{\sum_{i=1}^{m} \prod_{j=1, j \neq i}^{m} K_{jL}} = \frac{K_L(\varepsilon)}{m(\varepsilon)} = \frac{1}{m} \left[\sum_{i=1}^{N_1(\varepsilon) \cdot L(\varepsilon)} K'(\varepsilon) + \sum_{j=1}^{N_2(\varepsilon) \cdot L(\varepsilon)} K''(\varepsilon) + \sum_{k=1}^{N_3(\varepsilon) \cdot L(\varepsilon)} K'''(\varepsilon) \right]$$

$$\tag{5-12}$$

单位体积内的微元弹簧数为

$$M = \frac{4\bar{\rho}_m(\varepsilon)}{\pi^2 Dd^2} \tag{5-13}$$

式中，$\bar{\rho}_m$ 为金属橡胶的相对密度，$\bar{\rho}_m(\varepsilon) = \dfrac{\rho_m(\varepsilon)}{\rho}$。设金属橡胶材料的密度为 ρ_m，

丝线密度为 ρ，则

$$\frac{L(\varepsilon)}{m(\varepsilon)} = \left(\frac{4\bar{\rho}_m(\varepsilon)}{\pi^2 Dd^2} \right)^{\frac{1}{3}} \tag{5-14}$$

联立式 (5-12) 与式 (5-14)，可得

$$K_{mn}(\varepsilon) = \left(\frac{4\bar{\rho}_m(\varepsilon)}{\pi^2 Dd^2} \right)^{\frac{1}{3}} \left[\sum_{i=1}^{N_1(\varepsilon)} K'(\varepsilon) + \sum_{j=1}^{N_2(\varepsilon)} K''(\varepsilon) + \sum_{k=1}^{N_3(\varepsilon)} K'''(\varepsilon) \right] \tag{5-15}$$

金属橡胶本构关系与材料形状参数密切相关，故引入了形状因子 C，以探究不同

形状参数对金属橡胶本构关系的影响：

$$K_{mn}'(\varepsilon) = CK_{mn}(\varepsilon) \tag{5-16}$$

式中，C 为形状因子，$C = \dfrac{L}{A}$，L 为金属橡胶的高度，A 为金属橡胶垂直于成形方向的横截面积。

联立式 (5-15) 和式 (5-16)，得到金属橡胶受成形方向载荷的本构关系：

$$\frac{\mathrm{d}\sigma}{\mathrm{d}\varepsilon} = E = \frac{L}{A}\left(\frac{4\bar{\rho}_m(\varepsilon)}{\pi^2 D d^2}\right)^{\frac{1}{3}}\left[\sum_{i=1}^{N_1(\varepsilon)} K'(\varepsilon) + \sum_{j=1}^{N_2(\varepsilon)} K''(\varepsilon) + \sum_{k=1}^{N_3(\varepsilon)} K'''(\varepsilon)\right] \tag{5-17}$$

5.6　试验结果与讨论

5.6.1　试验流程

为进一步验证本章所提出的本构模型具有一定的合理性，通过有限单元仿真进行空心圆柱形与方形金属橡胶样件的制备，其中制备基本参数如表 5-2 所示，其余参数见表 3-2。

表 5-2　制备基本参数

项目	材料	金属丝直径/mm	形状	相对密度
标准对照组	304 不锈钢	0.2	空心圆柱	32
金属丝直径组	304 不锈钢	0.3	空心圆柱	32
形状组	304 不锈钢	0.2	方形	32
相对密度组	304 不锈钢	0.2	空心圆柱	26

为了直观地观察仿真与实物之间的差异，对仿真与实物样件进行对比分析，如图 5-9 所示。从图中局部线匝分布的比较中可明显观察到，基于金属橡胶工艺流程虚拟制备技术的虚拟模型与实际制品呈现出高度的一致性。

为了进一步验证结果，采用 WDW-T200 微机控制电子万能试验机进行金属橡胶准静态压缩变形试验。在金属橡胶的成形方向与非成形方向上分别施加相同载荷，以探究材料在不同承载方向上的位移-载荷关系曲线，进一步与本书所构建的本构模型进行分析验证。试验机的最大试验力：200kN，横梁位移量：0～600mm，移动速度：0.01～500mm/min，变形分辨率：0.001mm。在这项工作中，试验载荷设置为：金属橡胶成形方向/非成形方向上 200N 的力载荷，加载速率为 2mm/min。

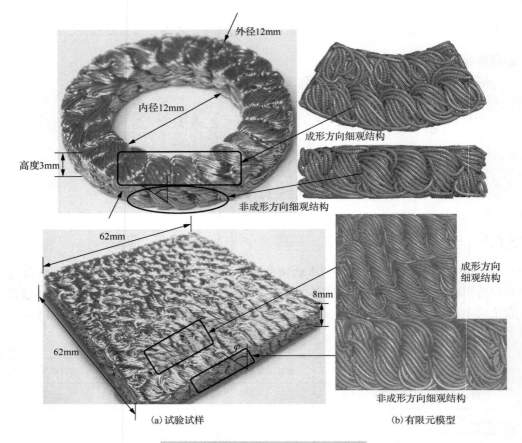

（a）试验试样　　　　　　　　　　　　（b）有限元模型

图 5-9　金属橡胶试验试样与有限元模型

5.6.2　模型验证

　　基于本章提出的金属橡胶无序式网格互穿结构本构模型，通过制备各参数单因素对照的金属橡胶，结合准静态压缩试验中的载荷-变形曲线进行对比分析。

　　图 5-10 为模型在不同参数变量下与标准对照组的本构关系试验验证曲线。可以看出，金属橡胶在承受成形方向载荷下所表征的本构特征存在着明显的线弹性阶段-软特性变形阶段-指数硬化阶段的复杂非线性演化过程。但相比于成形方向上的高度非线性本构行为，由于金属橡胶材料内部微元弹簧螺旋卷在不同方向上所呈现出的空间结构异性，与基于复杂制备工艺下，材料微元弹簧间在不同载荷方向上的微元弹簧动态摩擦行为异性的复合作用下，金属橡胶在非成形方向上的本构关系曲线呈现出显著的大刚度与准线性特征。同时金属橡胶的形状对于其材料各向异性的本构力学行为影响较大。此外，方形金属橡胶由于材料的内部线匝的紧密勾连结构，其各向刚度特性均大于空心圆柱金属橡胶。

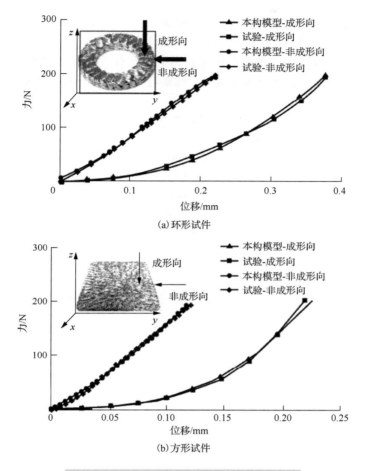

(a) 环形试件

(b) 方形试件

图 5-10　基于模型的本构关系与试验验证曲线

　　为了避免由于设备测量精度、环境白噪声等因素干扰而造成的试验误差，有效预估本书所提出的模型的精度，这里对结果进行了残差分析。金属橡胶样品的残差分析结果如表 5-3 所示。

表 5-3　残差分析

		RSS	TSS	R^2
空心圆柱	非成形方向	102.6008	4.0682×10^4	0.9975
	成形方向	1.5156×10^3	4.0157×10^4	0.9623
方形	非成形方向	53.0248	4.2134×10^4	0.9987
	成形方向	1.1027×10^3	4.2029×10^4	0.9738

　　注：RSS 代表残差平方和(Residual Sum of Square)；TSS 代表总偏差平方和(Total Sum of Square)。

从图 5-10 的曲线吻合度与表 5-3 中的残差值 R^2 均可以看出,无论在成形方向还是非成形方向上,本书所构建的本构模型与试验达到良好的吻合度。因此,本书所提出的基于金属橡胶微观机理的本构关系模型能够有效地对金属橡胶的本构行为进行有效预测,同时也能够进一步对材料的细观行为机理进行有效阐释。

参 考 文 献

[1] 余慧杰, 刘文慧, 王亚苏. 金属橡胶静刚度特性及其力学模型研究[J]. 中国机械工程, 2016, 27(23): 3167-3171.

[2] BUDYNAS R G. 高等材料力学和实用应力分析[M]. 2 版. 北京: 清华大学出版社, 2001.

[3] 张英会, 刘辉航, 王德成. 弹簧手册[M]. 2 版. 北京: 机械工业出版社, 2008.

[4] REN Z Y, SHEN L L, BAI H B, et al. Study on the mechanical properties of metal rubber with complex contact friction of spiral coils based on virtual manufacturing technology[J]. Advanced engineering materials, 2020,22(8):187-201.

[5] 白鸿柏, 路纯红, 曹凤利, 等. 金属橡胶材料及工程应用[M]. 北京: 科学出版社, 2014.

第6章　金属橡胶干摩擦阻尼迟滞机理研究

第 5 章主要以金属橡胶复杂空间几何拓扑结构为切入点，详尽讨论了在这种复杂无序结构下材料的非线性刚度本构行为。但金属橡胶主要作为一种阻尼材料使用，还需要分析金属橡胶的能量耗散机理。关于金属橡胶的能量耗散机理，国内外学者多数从宏观动态试验进行定性分析[1-3]，或仅仅通过唯象等效模型进行解释[4-6]，但金属橡胶实质是一种无序非连续结构材料，在外载作用下线匝所呈现出的接触、摩擦与滑移现象呈离散动态形式，难以得到有效展示，更难以定量地对材料的干摩擦阻尼耗能行为进行表征。因此，本章将结合前几章通过虚拟制备所得的金属橡胶三维几何模型，选择常用的空心圆柱金属橡胶与实心圆柱金属橡胶作为研究对象，从材料内部细观结构干摩擦行为出发，通过构建元胞组模型，实现对材料的细观拓扑结构进行精确重构，探明金属橡胶工艺参数、线匝结构与其干摩擦阻尼耗能能力的多尺度映射关系，以进一步揭示材料的耗能机理。

6.1　多尺度下金属橡胶干摩擦阻尼耗能机理研究

6.1.1　金属橡胶干摩擦阻尼耗能行为

金属橡胶作为一种多孔隙弹性材料，其阻尼迟滞特性与能量吸收机制较为独特，如图 6-1(a)、(b) 所示，在承受外界载荷工况下，金属橡胶内部线匝间发生相互收拢、挤压直至干摩擦滑移等现象。

随着加载作用的增强，金属橡胶线匝间空间变小，密度不断增大，其细观线匝所呈现的致密程度越来越显著。随着材料结构内部线匝致密度的增加，不断增长的干摩擦行为打破了其准线性的力学平衡条件，使力学曲线在一定程度上反映出指数型增长的趋势，如图 6-1(c) 中的曲线指数增长阶段所示。在逐渐卸去外界载荷作用后，由于金属橡胶内部线匝螺旋卷的自弹性行为，材料在宏观上呈现出逐渐回弹的现象，直至恢复原状。在细观尺度中，金属橡胶内部螺旋卷释放了其在激振环境下所存储的部分弹性势能，但螺旋卷空间自回弹现象导致其必然发生线匝间的二次逆向接触干摩擦，其内部剩余的部分弹性势能进一步以干摩擦的形式产生了再一次的能量损耗。因此，在失去外界动能的持续输出与势能损耗效应的双重作用下，金属橡胶在宏观力学行为上表现为：迟滞回线所呈现出的卸载作用力小于加载作用力。

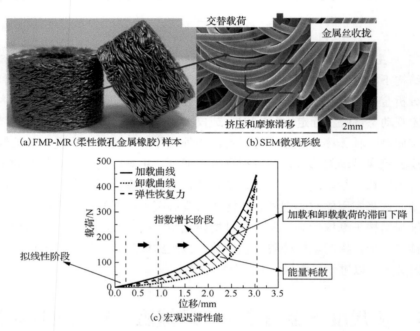

(a) FMP-MR (柔性微孔金属橡胶) 样本　　　　(b) SEM 微观形貌

(c) 宏观迟滞性能

图 6-1　　金属橡胶局部 SEM 及其在外载作用下金属丝力学性能示意图

6.1.2　基于空间随机分布微元的金属橡胶弹性作用力研究

在本节中，基于第 5 章构建空间随机分布微元弹簧，通过在空间中以角度 φ 任意的微元随机性分布对金属橡胶内部线匝无序式互穿结构进行了有效表征。由弹簧理论、高等材料力学与卡氏理论[7,8]得到微元弹簧在仅承受轴向或径向载荷时的刚度，见式 (6-1)。

由于制备工艺的复杂性，金属橡胶内部线匝螺旋卷在空间上呈现出无序式的分布规律，任意角度随机性的螺旋微元分布现象表示材料内部受力不仅仅只承受轴向载荷或者径向载荷，其与微元弹簧的空间分布角度 φ 有着密切关系。因此，将微元弹簧的空间分布角度参数 φ 作为一项重要变量在模型中引入，便得到了在成形方向外力作用下，空间任意角度分布的微元弹簧刚度模型，见式 (6-5)。

假设垂直于成形方向的单位面积上有 $L(\varepsilon)$ 个微元弹簧，在单位长度上有 $m(\varepsilon)$ 层弹簧，则每一层单位面积的总刚度为

$$K(\varepsilon) = \sum_{i=1}^{L(\varepsilon)} k(\varphi, \alpha) \tag{6-1}$$

式中，变量 φ 与 α 分别表征微元弹簧的空间分布特征与时间分布特征。

由于各层之间的微元弹簧为串联关系，则金属橡胶的总等效弹性刚度为

$$K_{mn}^{\mathrm{E}} = \frac{\prod_{i=1}^{m(\varepsilon)} K_{iL}(\varepsilon)}{\sum_{i=1}^{m(\varepsilon)} \prod_{j=1, j \neq i}^{m(\varepsilon)} K_{iL}(\varepsilon)} = \left[\sum_{i=1}^{L(\varepsilon)} k(\varphi, \alpha) \right] \Big/ m(\varepsilon) \tag{6-2}$$

通过式 (6-2) 对单位体积内的微元弹簧数进行假设，则

$$L(\varepsilon) = \left(\frac{4\overline{\rho}_m(\varepsilon)}{\pi^2 D d^2} \right)^{\frac{2}{3}} \tag{6-3}$$

$$\frac{L(\varepsilon)}{m(\varepsilon)} = \left(\frac{4\overline{\rho}_m(\varepsilon)}{\pi^2 D d^2} \right)^{\frac{1}{3}} \tag{6-4}$$

引入形状因子 $C = L/A$，L 为金属橡胶的高度，A 为金属橡胶垂直于成形方向的横截面积，联立式 (6-3) 和式 (6-4)，得到金属橡胶受成形方向载荷的总弹性作用力与应变的映射关系：

$$K_{mn}(\varepsilon) = \frac{L}{A} \left(\frac{4\overline{\rho}_m(\varepsilon)}{\pi^2 D d^2} \right)^{-\frac{1}{3}} \sum_{i=1}^{L(\varepsilon)} k(\varphi, \alpha) \tag{6-5}$$

6.1.3　基于元胞组模型的金属橡胶复杂结构动态接触干摩擦数值重构

在 4.3.2 节中提到了基于元胞组模型的金属橡胶结构重构方法，如图 4-9 所示，通过线性微元段的虚拟重构，能够完成基于金属橡胶空间线匝结构的元胞系列组数值模型的建立。在模型的建立中，由于不同螺旋卷间存在的元胞组异面与平行面情况，定义主元胞向量为主动参与接触边界搜索的元胞向量，试验元胞向量为被动参与接触边界搜索判定的元胞向量[9,10]。

然而，金属橡胶内部线匝的接触干摩擦是一个时序性动态过程，因此在接触区域的空间维度中引入时间维度参数，结合式 (4-1) 和式 (4-2)，完成动态时序下的接触滑移判定，如式 (6-6) 所示：

$$\begin{cases} \text{distance}_t > 0.2 \Rightarrow \text{未接触} \\ \text{distance}_t \leqslant 0.2 \Rightarrow \begin{cases} \text{distance}_{t+1} > 0.2 \Rightarrow \text{空间脱离} \\ \text{distance}_{t+1} \leqslant 0.2 \Rightarrow \begin{cases} M_{t+1}(x_m, y'_m, z'_m) - M_t(x_m, y_m, z_m) \\ = N_{t+1}(x'_n, y'_n, z'_n) - N_t(x_n, y_n, z_n), \quad \text{黏滞挤压} \\ M_{t+1}(x'_m, y'_m, z'_m) - M_t(x_m, y_m, z_m) \\ \neq N_{t+1}(x'_n, y'_n, z'_n) - N_t(x_n, y_n, z_n), \quad \text{摩擦滑移} \end{cases} \end{cases} \end{cases}$$

$$(6\text{-}6)$$

从式(6-6)中可看出，由于接触区域在时间和空间双重维度下发生了空间脱离以及黏滞挤压等现象，且空间物理接触的脱离或元胞组间摩擦载荷方向不产生滑移距离，其在外界载荷激励下并不会有能量产生，此类特征的接触对于金属橡胶阻尼耗能行为的贡献值甚小。因此，将此类接触定义为无效接触点，如图 6-2(a)所示。元胞组间在时间序列下始终保持着空间接触滑移的物理特征区域，该部分接触才是真正造成摩擦耗能的根本因素，如图 6-2(b)所示。

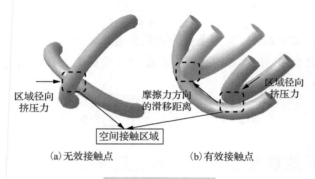

区域径向挤压力　　　摩擦力方向的滑移距离　　　区域径向挤压力

空间接触区域

(a)无效接触点　　　　　　(b)有效接触点

图 6-2　接触点示意图

实际中，金属橡胶内部线匝间存在着大量的空间接触点，这些由材料内部物理边界约束导致的线匝微接触区域划分为：不可相对滑移运动的无效接触点(图 6-3(a))以及可相对滑移干摩擦运动的有效接触点(图 6-3(b))。结合式(6-6)并通过元胞组空间微结构在时间序列下的动态行为捕捉，深入探究 FMP-MR(柔性微孔金属橡胶)内部空间物理接触分布以及有效接触分布在时域中的动态演化。同时，一种有趣的准高斯分布接触行为在这项研究中被发现，并提出了有效黏滞滑移系数的概念以进一步描述其细观接触分布特征，如式(6-7)所示：

$$\text{有效黏滞滑移系数} = \frac{\text{有效接触点}}{\text{空间总接触点}} \tag{6-7}$$

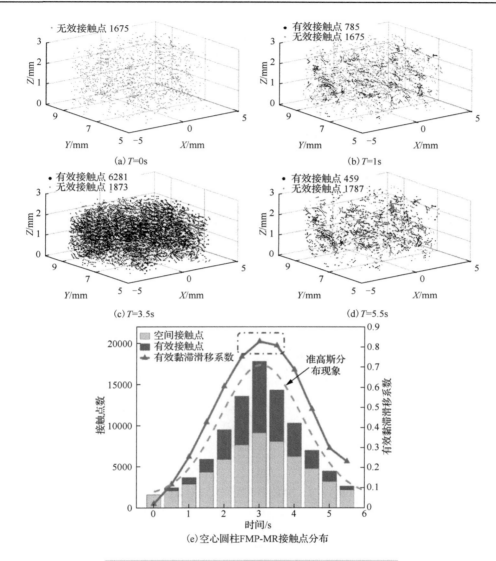

图 6-3　空心圆柱 FMP-MR 接触点分布随时间序列的变化

　　有效黏滞滑移系数描述了金属橡胶空间随机接触点中有效接触点所占的比例，其值的大小对于金属橡胶的耗能特性起到了决定性作用。图 6-3 和图 6-4 分别为空心圆柱金属橡胶与实心圆柱金属橡胶在成形方向准静态加卸载载荷作用下的接触点分布随时间序列的变化，其中图 6-3(b)～(d) 和图 6-4(b)～(d) 为有效接触，从图 6-3(e) 及图 6-4(e) 中可以看出，在加载前(T=0s)，金属橡胶内部线匝间就存在着一定数量的空间接触点。但由于此时并未施加载荷，有效接触点数量均为 0，此时并未产生线

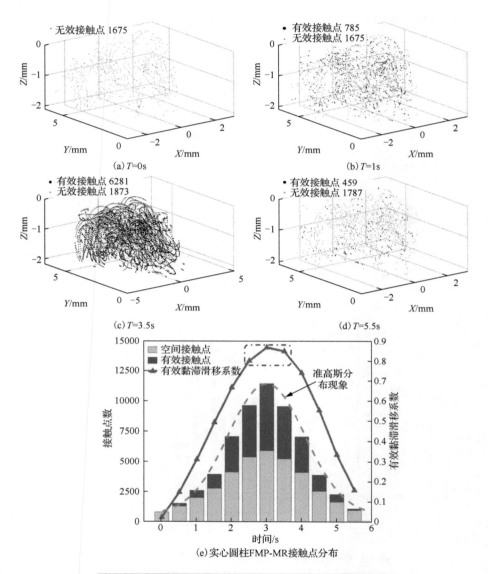

图 6-4　实心圆柱 FMP-MR 接触点分布随时间序列的变化

匝间的相对干摩擦滑移运动，因此，在图 6-3(a)与图 6-4(a)中存在的都是无效接触对。随着外载在成形方向上的不断作用，金属橡胶内部的孔隙不断收缩以及线匝间的"自由"运动空间逐渐减少，其空间接触点与有效接触点的数量显著增加，而无效接触点呈现出先增加后减小的趋势，且在加载过程中数量变化幅度不大；如图 6-3(a)～(d)和图 6-4(a)～(d)所示，有限接触点随着载荷的作用逐渐逼近于空间接触点的数量。当达到加载极限($T=3\text{s}$)时,有效接触点达到了数量峰值,且其数量基本上与空间接触点数量相当。从有效黏滞滑移系数曲线中,也能观察到这一现象:随着载荷不断施加,有效黏滞滑移系数从 0 逐渐上升,直至载荷极限时刻,其达到了峰值区域。随着卸载过程,金属橡胶在逐渐失去成形方向的载荷约束下,内部线匝在逐渐回弹的同时发生了不同程度的线匝干摩擦滑移现象。但随着材料内部孔隙的逐渐恢复,线匝可"自由"运动的空间增加,其空间接触点与有效接触点的数量呈现出不同的降低趋势。具体情况可参考表 6-1 和表 6-2 的金属橡胶内部接触点动态行为的统计。与此同时,在图 6-3(e)和图 6-4(e)中呈现出的金属橡胶线匝接触行为在时序载荷下呈现出的准高斯分布现象在这项研究中被发现,其往往在载荷极限阶段呈现出峰值分布区域。其分布函数的数学期望以及方差与传统的高斯分布存在着一定的差别,金属橡胶的接触点分布行为呈现出明显的非对称特征。

表 6-1　空心圆柱金属橡胶接触点统计

加卸载时间步/s	0	0.5	1	1.5	2	2.5	3	3.5	4	4.5	5	5.5
空间接触点	1675	2134	2937	4432	5977	7729	9235	8154	6323	4842	3265	2246
有效接触点	0	368	785	1543	3609	5956	8610	6281	4032	2214	1257	459
有效滑移率	0	0.172	0.267	0.348	0.604	0.771	0.932	0.770	0.638	0.457	0.385	0.204

表 6-2　实心圆柱金属橡胶接触点统计

加卸载时间步/s	0	0.5	1	1.5	2	2.5	3	3.5	4	4.5	5	5.5
空间接触点	758	1249	1975	2771	4129	5396	5913	5247	4099	2547	1624	934
有效接触点	0	248	597	1159	2941	4255	5543	4312	2941	1325	639	128
有效滑移率	0	0.199	0.302	0.418	0.712	0.789	0.937	0.822	0.718	0.520	0.394	0.137

通过对 FMP-MR 内部有效接触点分布数量以及有效黏滞滑移系数变化趋势的研究发现:在加载载荷作用下材料内部有效接触点数量逐渐逼近总空间接触点数量,其有效黏滞滑移系数逐渐接近于 1。在线匝细观接触干摩擦作用下,这些微小有效接触区域产生了数量众多的滑移耗能,是材料的阻尼迟滞能耗特性的重要影响因素。基于此,结合式(6-6)接触滑移矢量方程的判定,实现接触区域中有效接触点的空间干摩擦滑移矢量定位,并通过主元胞法向接触力的计算实现元胞组微元间的接触摩擦力计算,最终实现材料元胞组间干摩擦能量的分析。

有效接触的空间位移矢量表达式为

$$\overline{s}_i = \left[M_{t+1}\left(x'_m, y'_m, z'_m\right) - M_t\left(x_m, y_m, z_m\right) \right] - \left[\left(N_{t+1}\left(x'_n, y'_n, z'_n\right) - N_t\left(x_n, y_n, z_n\right)\right) \right] \quad (6\text{-}8)$$

主元胞在公垂线上的法向位移矢量为

$$\Delta h_i = \frac{\left| \left[M_{t+1}\left(x'_m, y'_m, z'_m\right) - M_t\left(x_m, y_m, z_m\right) \right] \cdot \left[M_{t+1}\left(x'_m, y'_m, z'_m\right) - N_{t+1}\left(x'_n, y'_n, z'_n\right) \right] \right|}{\left| M_{t+1}\left(x'_m, y'_m, z'_m\right) - N_{t+1}\left(x'_n, y'_n, z'_n\right) \right|} \quad (6\text{-}9)$$

主元胞法向作用力为

$$F_{N_i} = k_{2i}(\varphi) \cdot \Delta h_i \tag{6-10}$$

主元胞接触摩擦力为

$$F_{f_i}(x, y, z) = \mu f_{N_i} \tag{6-11}$$

线匝微元的能量累计计算:

$$\Delta E = \sum_{i=1}^{L(\varepsilon) \cdot m(\varepsilon)} \left(F_{f_i} \cdot \overline{s}_i \right) \tag{6-12}$$

FMP-MR 内部线匝微元间的挤压滑移在其众多线匝交织缠绕的拓扑结构中产生了局部的空间位移矢量消融现象:金属橡胶线匝间众多有效接触点产生的空间干摩擦位移,在这种微孔隙物理结构中逐渐被孔隙填充容纳,呈现出相互抵消的现象,但能量的损耗始终是不断累积的进程。因此,金属橡胶迟滞曲线中金属橡胶在受载整体形变下的纵向载荷变化不仅仅取决于干摩擦力的线性求和过程,金属橡胶与材料线匝的有效接触点以及干摩擦滑移存在着密不可分的联系。由式(6-11)的干摩擦滑移距离统计可知,金属橡胶在空间局部中的位移矢量消融现象致使材料内部线匝间发生接触摩擦位移与金属橡胶整体的受迫振动位移呈现出 5~6 个数量级的差距。因此,这里定义了等效摩擦阻尼力的概念,以材料整体振动表征出金属橡胶在内部结构微动滑移状态下的能量损耗机制:

$$F_{\mathrm{E}} = \frac{\Delta E}{\Delta S} \tag{6-13}$$

式中, ΔS 为金属橡胶在总载荷作用下的位移微元。

结合式(6-5)所示的总体弹性恢复力计算式,有

$$F_{\mathrm{ES}}(\varepsilon) = K_{mn}(\varepsilon) \cdot \varepsilon / A \tag{6-14}$$

至此,通过对金属橡胶多尺度干摩擦阻尼耗能机理研究,得到了其能量耗散迟滞模型:

$$F(\varepsilon) = \begin{cases} F_{\mathrm{ES}}(\varepsilon) + F_{\mathrm{E}}(\varepsilon) \\ F_{\mathrm{ES}}(\varepsilon) - F_{\mathrm{E}}(\varepsilon) \end{cases} \tag{6-15}$$

6.2　金属橡胶能耗空间分布研究

上述部分对 FMP-MR 有效接触点的微动摩擦位移、切向摩擦力以及干摩擦耗能的时间序列演化行为展开了深入讨论。但作为一种多点随机分布的空间微孔隙结构材料,FMP-MR 所产生的干摩擦能耗在空间中的分布情况对于材料整体的耗能特性至关重要。因此,本节分别对上述计算机辅助制备所得的空心圆柱金属橡胶与实心

圆柱金属橡胶进行有限元分析，通过将模型进行基于元胞组的动态数值重构，展开金属橡胶基于内部线匝能量耗散在多维空间分布中的干摩擦机理研究。由于金属橡胶在承载极限载荷的情况下将耗散最大的能量值，故在后续的研究分析中，对金属橡胶在载荷作用初期(6.7%成形方向应变)与试验最大位移载荷下(20%成形方向应变)的能量消耗空间分布进行讨论。

　　图 6-5 和图 6-6 分别为空心圆柱金属橡胶与实心圆柱金属橡胶在载荷作用下的空间接触干摩擦能量云图以及在计算机辅助制备中的等效应力云图。图 6-5 和图 6-6 清晰地呈现出不同大小的接触摩擦能量损耗在金属橡胶内部的分布状态，其能量产生的作用空间位置主要集中于金属橡胶内部线匝间的接触点附近，其分布与金属橡胶接触点空间分布[9,10]呈现出高度的一致性。同时，虽然单一有效接触点能量的耗散仅有 $10^{-6}\sim10^{-5}$ 的量级，但数以万计的有效接触点的能耗累积作用共同造成了金属橡胶材料优异的干摩擦阻尼减振特性。

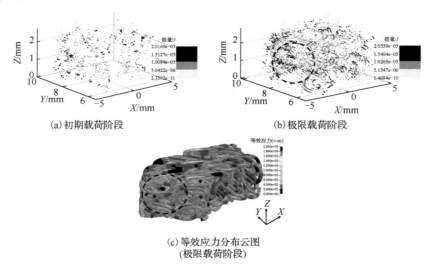

(a)初期载荷阶段　　　　　　　　　　(b)极限载荷阶段

(c)等效应力分布云图
(极限载荷阶段)

图 6-5　干摩擦能量耗散四维图及有限元应力分析图(1/6 空心圆柱)

　　图 6-7 为从空心圆柱金属橡胶中提取的单线匝能量区域分布图。如图 6-7(a)所示，在初期载荷阶段材料内部线匝间的孔隙填充起到了主要的作用形式，较少的线匝螺旋卷发生接触干摩擦行为，只是其周围的能量产生区域较少；与此同时，随着 FMP-MR 不断受到载荷挤压形变，内部线匝间的微孔隙结构逐渐消失，进而线匝间的干摩擦接触滑移占据了主要比例，因此其摩擦能耗数量显著增加。特别地，从图 6-7 可以看出能量均是产生于线匝的接触滑移表面区域，这是由于在外载荷作用下线匝与邻近线匝间发生了一定程度的接触干摩擦滑移，材料表面发生了不同程度的

以热能损失为主导的能量耗散现象。同时也对不同形状的金属橡胶内部线匝间的接触点进行加载时的统计，见表 6-3。

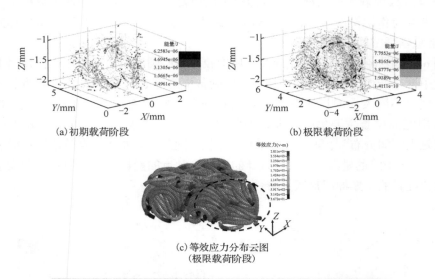

(a)初期载荷阶段　　　　　　　　(b)极限载荷阶段

(c)等效应力分布云图
(极限载荷阶段)

图 6-6　干摩擦能量耗散四维图及有限元应力分析图(1/6 实心圆柱)

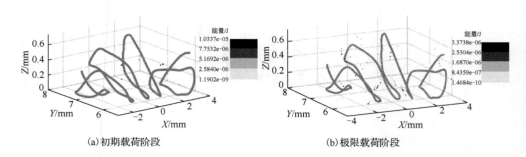

(a)初期载荷阶段　　　　　　　　(b)极限载荷阶段

图 6-7　单线匝干摩擦能量耗散四维图

表 6-3　有效接触点个数统计表

不同时刻	有效接触点个数		
	空心圆柱(单线匝)	空心圆柱(整体)	实心圆柱(整体)
加载初期时刻	77	2453	1585
极限加载时刻	225	8610	5543

6.3 试验验证与结果讨论

6.3.1 试验流程

以空心圆柱金属橡胶和实心圆柱金属橡胶作为研究对象,按表 3-1 中的制备工艺参数进行金属橡胶的实物制备。原材料为经冷拉拔工艺而制成的 304(06Cr19Ni10)奥氏体不锈钢金属丝,通过数控毛坯缠绕,完成毛坯制备后,将毛坯放入已设计好的冲压模具中,在型号为 THD32-100 四柱液压机中进行限定吨位冲压,最终保证所制备的金属橡胶的尺寸参数、线匝结构分布等与计算机辅助制备模型高度一致,如图 6-8 所示。同时将制备完成的金属橡胶放至 WDW-T200 微机控制电子万能试验机中进行限定位移量的加卸载,试验机的最大试验力为 200kN,横梁位移量为 0~600mm,移动速度为 0.01~500mm/min,变形分辨率为 0.001mm。在这项工作中,试验载荷设置为:金属橡胶成形方向上施加 0.6mm 的位移载荷,加载速率为 2mm/min。实时记录加卸载过程中的传感器受力与位移量变化,并将在试验与动态仿真中得出的滞回曲线进行对比分析。

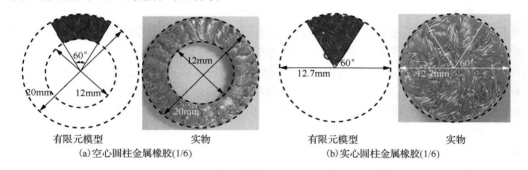

(a)空心圆柱金属橡胶(1/6)　　　　　　　　(b)实心圆柱金属橡胶(1/6)

图 6-8 金属橡胶虚拟冲压成形及实际试件对比

6.3.2 结果分析与讨论

基于元胞组能量耗散机制的金属橡胶干摩擦阻尼迟滞本构模型,通过不同形状的金属橡胶试验制备,结合准静态压缩试验中的载荷-变形曲线进行对比分析,结果如图 6-9 所示。

从图 6-9 中可知,相对于实心圆柱金属橡胶,空心圆柱的构型使得金属橡胶在邻近内径区域,周围线匝间的物理约束更少,其线匝螺旋卷的自弹性行为更加突出,因此线匝干摩擦比例相对降低,造成了空心圆柱构型的金属橡胶的迟滞回线呈现出纤细的形态。实心圆柱金属橡胶由于材料内部的线匝接触干摩擦现象更为显著,大量的摩擦耗能机制导致其卸载曲线相对于加载曲线有了更大的迟滞回落现象,迟滞回线形态相对"臃肿",如图 6-9(b)所示。综上所述,由于不同构型下的金属橡胶内部线匝分布规律的迥异,细观尺度下构造间接触干摩擦能耗行为呈现出较大的差别,在外部环境能量同等输入下实心圆柱金属橡胶的阻尼减振特性更加优异。

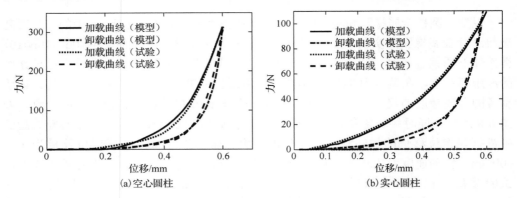

图 6-9   迟滞回线验证

金属橡胶能耗的逸散在二维-三维空间中的分布规律对于研究该材料的干摩擦阻尼迟滞特性至关重要。与此同时,能耗的产生与消散的累积规律是一个与时间高度相关的参量。图 6-10 和图 6-11 分别为试验测试与数值模型在 0.6mm 交替载荷作用下的能量阶段性耗散曲线与累积耗散曲线。由图可知,随着载荷的不断施加,材料内部有效接触点显著增加,所产生的能量损耗也呈现出不断上升的趋势。但 FMP-MR 的能量阶段性耗散峰值并不在极限载荷区域(即有效接触点数量最多),其往往出现了一定的滞后现象。这是因为材料内部所出现的能量损耗机制并不仅仅局限于有效接触点的数量,极限载荷后出现的卸载进程致使 FMP-MR 内部线匝出现了一定程度的反弹,重新释放的孔隙增加了线匝的空间运动区域,使得线匝间的干摩擦滑移量显著增加。综上可知,FMP-MR 的阻尼耗能机制与材料内部的有效接触点以及其干摩擦微位移有着密不可分的关系。

表 6-4 和表 6-5 分别是迟滞回线的能量相对误差分析和残差分析。在残差分析中,通过相关指数的计算来定量衡量该模型的有效性:残差值越接近于 1,表示模型方程的预测精度越高,实际观测变量与预测变量的线性相关性越强。由表 6-4 和表 6-5 可知,空心圆柱和实心圆柱的金属橡胶的残差值均接近于 1,能量的相对误差较小,有效地表明了本章所提出的模型与试验结果的吻合度良好。

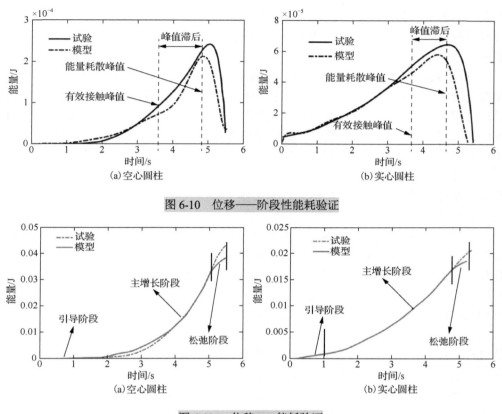

图 6-10　位移——阶段性能耗验证

图 6-11　　位移——能耗验证

表 6-4　能量相对误差分析

样件形状	模型计算能量/J	试验能量/J	相对误差/%
空心圆柱	3.854×10^{-2}	4.179×10^{-2}	8.43
实心圆柱	1.754×10^{-2}	2.031×10^{-2}	15.79

表 6-5　残差分析

样件形状	加载情况	RSS	TSS	R^2
空心圆柱	加载曲线	5.697×10^{3}	6.202×10^{3}	0.908
	卸载曲线	3.758×10^{3}	3.074×10^{4}	0.878
实心圆柱	加载曲线	9.874×10^{3}	5.313×10^{5}	0.981
	卸载曲线	2.338×10^{4}	3.682×10^{5}	0.937

　　由图 6-11 可知，无论何种形状尺寸的金属橡胶，其在位移能耗曲线中均存在着三种累积耗能增长阶段，但由于不同的制备参数、几何形貌与细观线匝构造，其数

值大小与各阶段持续时间存在着差异。在本章中，我们发现了这种能耗增长曲线的分段现象，并将其分为能耗的引导阶段、主增长阶段与松弛阶段三个部分，如图 6-11(a)所示。

(1)在载荷作用初期阶段中，由于制备工艺特性，金属橡胶内部存在着大量的空间微孔隙物理结构，使得材料主要依赖于孔隙间的自收缩现象来满足线匝间的相互运动过程，因此在引导阶段金属橡胶内部有效接触点的干摩擦滑移现象极少，从而在位移耗能曲线中体现出低耗能的阶段性趋势，称为"引导阶段"。与此同时，相比于实心圆柱材料，由于空心圆柱金属橡胶存在中心孔洞，除了线匝朝着孔隙填充方向移动外，还同时向内空心区域运动，由此产生了一定程度的内膨胀效应，在该过程中大部分仍然是线匝的空间运动，其接触干摩擦现象出现的时间较晚，引导阶段也相对较长。

(2)随着载荷的施加，金属橡胶内部空间孔隙进一步得到压缩，线匝可运动的"自由体积"(即孔隙率)逐渐减少。因此线匝间的接触干摩擦现象呈现出大幅度的增长趋势，如图 6-11 所示，此时不同形状的金属橡胶能耗曲线出现了不同程度的急剧上升阶段，该阶段称为主增长阶段。由于主要依赖于线匝间的干摩擦热能损耗机制，主增长阶段是金属橡胶完成阻尼耗能减振等作用的核心阶段。

(3)在主增长阶段后金属橡胶内部间的孔隙率已达到一个极低的程度，随着载荷的进一步施加，线匝间由于"自由体积"的急剧降低与其物理约束等边界条件的恶化，材料难以发生空间上的全局运动或相对运动现象，呈现出线匝黏滞挤压的接触状态。在该状态下金属橡胶的接触干摩擦数量显著降低，其宏观现象为位移能耗曲线中的能量增长呈现出缓增甚至停增的趋势，该阶段称为"松弛阶段"。"松弛阶段"是在应力持续增加过程中的低应变的趋势，类似于金属材料在短时间大负荷下的类蠕变现象。该阶段的数值差异对金属橡胶的寿命有着很大程度的影响。在未来，可以对金属橡胶的寿命与细观耗能机理等映射关系展开进一步的探究。

综上所述，这项工作在深入探究金属橡胶干摩擦阻尼迟滞机理的同时，其基于研究内容所反映的能量演化过程与该材料的线匝干摩擦结构特征进一步相互印证。提出的能量阶段性增长趋势能够有效为金属橡胶在生产制备以及工业化应用中的寿命预估提供一定程度的指导意见。

参 考 文 献

[1] 刘伟, 王硕, 张铮, 等. 金属橡胶减振垫的动态力学特性分析[J]. 力学研究, 2019, (4): 238-248.

[2] HOU J F, BAI H B, LI D W. Damping capacity measurement of elastic porous wire-mesh material in wide temperature range[J]. Journal of materials processing technology, 2008, 206(1/2/3): 412-418.

[3] Gadot B, Martinez R O, Roscoat D R S, et al. Entangled single-wire NiTi material: a porous metal with tunable

superelastic and shape memory properties[J]. Acta materialia, 2015, 96: 311-323.

[4]　吴荣平, 白鸿柏, 路纯红. 金属橡胶压缩性能影响因素及细观模型研究[J]. 科学技术与工程, 2018, 18(2): 66-71.

[5]　邹龙庆, 曹义威, 付海龙, 等. 金属橡胶材料迟滞特性力学模型研究[J]. 噪声与振动控制, 2019, 39(6): 1-5, 199.

[6]　CAO F L, BAI H B, LI D W, et al. A constitutive model of metal rubber for hysteresis characteristics based on a meso-mechanical method[J]. Rare metal materials & engineering, 2016, 45(1): 1-6.

[7]　BUDYNAS R G. 高等材料力学和实用应力分析[M]. 2 版. 北京: 清华大学出版社, 2001.

[8]　张英会, 刘辉航, 王德成. 弹簧手册[M]. 2 版. 北京: 机械工业出版社, 2008.

[9]　REN Z Y, SHEN L L, BAI H B, et al. Constitutive model of disordered grid interpenetrating structure of flexible microporous metal rubber[J]. Mechanical systems and signal processing, 2021, 154(10): 107567.

[10]　REN Z Y, SHEN L L, HUANG Z W, et al. Study on multi-point random contact characteristics of metal rubber spiral mesh structure[J]. IEEE access, 2019, 7: 132694-132710.

第7章　基于高阶非线性摩擦的金属橡胶迟滞动力学模型

本章的核心内容是基于金属橡胶虚拟成形技术，统计金属丝内部的勾连、接触、挤压以及滑移等状态，构建高阶非线性摩擦模型，并将该摩擦模型引入动力学模型中，结合非线性弹性刚度、非线性黏性阻尼和双折线库仑阻尼，构建基于高阶非线性摩擦的金属橡胶迟滞动力学模型。

7.1　金属橡胶迟滞动力学建模

为了可以深入分析金属橡胶非线性动态性能，本章采用空心圆柱金属橡胶样件进行研究分析，其实物如图 7-1 所示。因为特殊的制备方式，金属橡胶内部的金属丝之间主要存在接触、滑移以及挤压，导致其存在高阶非线性摩擦力。因此，动力学模型等效由非线性弹性恢复力 $f_k(\cdot)$、非线性阻尼力 $f_c(\cdot)$ 以及库仑摩擦力 $z(t)$ 三部分组成，如图 7-2 所示。

图 7-1　空心圆柱金属橡胶样件

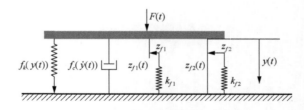

图 7-2　金属橡胶对称力学本构模型

非线性弹性恢复力与当前的变形位移 $y(t)$ 有关，非线性阻尼力与当前的变形速度 $\dot{y}(t)$ 有关，而库仑摩擦力 $z(t)$ 又可分为库仑迟滞摩擦力 $z_{f_1}(t)$ 与高阶非线性摩擦力 $z_{f_2}(t)$ 两个部分，其中库仑迟滞摩擦力 $z_{f_1}(t)$ 拥有记忆特性，与变形位移的历史有关，高阶非线性摩擦力 $z_{f_2}(t)$ 与金属丝接触形式有关。因此非线性动力学恢复力模型如

式 (7-1) 所示[1]：

$$
\begin{cases}
F(t) = f_k(y(t)) + f_c(\dot{y}(t)) + z(t) \\
z(t) = z_{f1}(t) + z_{f2}(t)
\end{cases}
\tag{7-1}
$$

非线性动力学恢复力模型中，弹性刚度恢复力 $f_k(y(t))$ 关于变形位移 $y(t)$ 的奇数次幂的多项式函数如式 (7-2) 所示，而非线性阻尼力 $f_c(\dot{y}(t))$ 关于变形速度 $\dot{y}(t)$ 的奇数次幂的多项式函数如式 (7-3) 所示：

$$
f_k(y(t)) = \sum_{i=1}^{n_1} k_{2i-1}(y(t) - y_0)^{2i-1}
\tag{7-2}
$$

$$
f_c(\dot{y}(t)) = \sum_{i=1}^{n_2} c_{2i-1}(\dot{y}(t))^{2i-1}
\tag{7-3}
$$

式中，$k_{2i-1}(i = 1, 2, \cdots, n_1)$ 为弹性刚度系数；y_0 为预压力下金属橡胶的静力位移；n_1 为多项式函数的最高次幂；$c_{2i-1}(i = 1, 2, \cdots, n_2)$ 为阻尼系数；n_2 为多项式函数的最高次幂。

7.1.1　库仑迟滞摩擦力模型建模

库仑迟滞摩擦力 $z_{f1}(t)$ 可以等效为一个线性弹簧，如图 7-2 所示。其特征是一条双折线迟滞回线模型，其增量形式的本构关系可以表示为

$$
\mathrm{d}z_{f1}(t) = \frac{k_{f1}}{2}\Big[1 + \mathrm{sgn}\big(z_{f1} - |z(t)|\big)\Big]\mathrm{d}y(t)
\tag{7-4}
$$

$$
k_{f1} = \frac{z_{f1}}{y_{f1}}
\tag{7-5}
$$

式中，k_{f1} 为等效线性弹簧刚度；y_{f1} 为等效线性弹簧的最大弹性变形量；sgn 为摩擦力方向函数，可以表示为

$$
\mathrm{sgn}(x) = \begin{cases}
1, & x > 0 \\
-1, & x \leqslant 0
\end{cases}
\tag{7-6}
$$

7.1.2　切比雪夫多项式展开

库仑迟滞摩擦力 $z_{f1}(t)$ 是周期恢复力，可以根据速度的方向将双折线泛函本构分成上下两支，再分别对上下两支进行切比雪夫多项式展开近似求解，如图 7-3 所示。

使用切比雪夫多项式对式 (7-4) 展开后的统一表达形式为

$$
z(t) = \frac{a_0}{2}\mathrm{sgn}[\dot{y}(t)] + \sum_{n=1}^{N_3} a_n \mathrm{sgn}^{n+1}[\dot{y}(t)]\cos\left\{n\arccos\left[\frac{2y(t) - 2y(t_m)}{\Delta y} - \mathrm{sgn}[\dot{y}(t)]\right]\right\},
$$
$$
t \in [t_m, t_{m+1}]
\tag{7-7}
$$

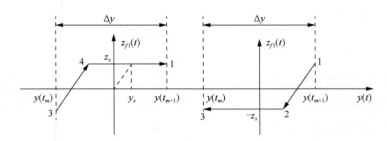

图 7-3　双折线拆解示意图

7.1.3　高阶非线性摩擦力模型建模

高阶非线性摩擦力 $z_{f2}(t)$ 是由金属橡胶内部相互勾连的金属丝之间不断摩擦产生的。两个相互接触的金属丝存在着接触、挤压以及滑移等接触形式，其产生的库仑摩擦力的形式也有所不同。将两个相互接触的金属丝等效成一对微弹簧单元，接触形式分为无接触、点接触以及面接触三种接触形式：无接触金属丝之间不存在摩擦力；而点接触的摩擦力根据金属丝之间的相互移动状态存在滑动摩擦和滚动摩擦两种形式；面接触的摩擦力主要以滑动摩擦的形式存在[2-5]。因此，高阶非线性摩擦力 $z_{f2}(t)$ 表示为

$$z_{fH}(t) = \mu F_N \tag{7-8}$$

$$F_N = \begin{cases} F\cos^2\varphi_1\cos\varphi_2, & 点接触 \\ F\cos\varphi_2, & 面接触 \end{cases} \tag{7-9}$$

式中，F_N 为微弹簧单元之间的作用力；F 为微弹簧单元受到的载荷力；φ_1 为上方弹簧的空间倾斜角；φ_2 为下方弹簧的空间倾斜角；μ 为金属丝的摩擦系数，根据摩擦形式的不同可以表示为

$$\mu = \begin{cases} 无接触 \Rightarrow 0 \\ 点接触 \Rightarrow 0.3 \\ 面接触 \Rightarrow 0.4 \end{cases} \tag{7-10}$$

考虑空间接触状态受到金属橡胶位移 ε 的影响，式 (7-10) 中无接触形式随着金属橡胶位移 ε 的增大而线性减小，直到完全转换成其他类型的接触，因此其接触形式的概率可以用线性表示，而点接触随着位移 ε 的增大有一部分转换成面接触，也有从无接触转换成点接触的部分，其接触形式的概率可以用三次多项式表示，而面接触随着位移 ε 的增大逐渐增大。空间接触状态概率表示为

$$\mu = \begin{cases} 0, & P_{k'} = d(1)\varepsilon + d(2), & 0 < P_{k'} < 1 \\ 0.3, & P_{k_m^*(\varepsilon)} = d(3)\varepsilon^3 + d(4)\varepsilon^2 + d(5)\varepsilon + d(6), & 0 < P_{k_m^*(\varepsilon)} < 1 \\ 0.4, & P_{k''} = 1 - P_{k'} - P_{k_m^*(\varepsilon)}, & 0 < P_{k''} < 1 \end{cases} \tag{7-11}$$

式中，$P_{k'}$ 为无接触概率；$P_{k''_m(\varepsilon)}$ 为点接触概率；$P_{k''}$ 为面接触概率。结合 5.5 节中给出的金属橡胶本构关系，可得高阶非线性摩擦力 $z_{f2}(t)$：

$$z_{f2}(t)=0.3\left(k''_m(\varepsilon)\varepsilon\cos^2\varphi_1\cos\varphi_2\right)\left(d(3)\varepsilon^3+d(4)\varepsilon^2+d(5)\varepsilon+d(6)\right)$$
$$+0.4\left(k'''_m(\varepsilon)\varepsilon\cos\varphi_2\right)\left(1-d(3)\varepsilon^3-d(4)\varepsilon^2-d(5)\varepsilon-d(6)-d(1)\varepsilon-d(2)\right)\quad(7\text{-}12)$$

7.2　金属橡胶迟滞动力学参数识别方法

7.2.1　参数识别

$$\sum_{n=1}^{N_1}k_{2n-1}\left(y(t)+y_0\right)^{2n-1}+\sum_{n=1}^{N_2}c_{2n-1}\dot{y}(t)^{2n-1}+\frac{a_0}{2}\operatorname{sgn}\left(\dot{y}(t)\right)+$$

$$\sum_{n=1}^{N_3}a_n\operatorname{sgn}^{n+1}\left(\dot{y}(t)\right)\cos\left\{n\arccos\left[\frac{2y(t)-2y(t_m)}{\Delta y}-\operatorname{sgn}\left(\dot{y}(t)\right)\right]\right\}+$$

$$0.4[-k'''_m(y(t))y(t)\cos\varphi_2]-\sum_{n=1}^{2}0.4[-k'''_m(y(t))y(t)\cos\varphi_2]y(t)^n+\qquad(7\text{-}13)$$

$$\sum_{n=3}^{6}\left\{0.3[-k''_m(y(t))y(t)\cos^2\varphi_1\cos\varphi_2]-0.4[-k'''_m(y(t))y(t)\cos\varphi_2]\right\}y(t)^{n-2}d_n=F(t)$$

式 (7-13) 为关于位移 $y(t)$、速度 $\dot{y}(t)$ 以及激励力 $F(t)$ 的方程。因此，当位移 $y(t)$、速度 $\dot{y}(t)$ 以及激励力 $F(t)$ 可以通过试验进行测量，并且忽略方程的高次项时，可以对金属橡胶的参数进行识别。将式 (7-13) 进行线性化可得

$$F\left(t_i\right)=\sum_{j=1}^{\bar{N}}\theta_j\phi_j\left(t_i\right)+z_{f2}(t)+\varepsilon_i\qquad(7\text{-}14)$$

式中，

$$\bar{N}=\bar{N}_1+\bar{N}_2+\bar{N}_3+7$$

$$\theta_j=\begin{cases}k_{2j-1}, & j=1,2,\cdots,\bar{N}_1\\ c_{2\left(j-\bar{N}_1\right)-1}, & j=\bar{N}_1+1,\cdots,\bar{N}_1+\bar{N}_2\\ a_{j-\left(\bar{N}_1+\bar{N}_2+1\right)}, & j=\bar{N}_1+\bar{N}_2+1,\cdots,\bar{N}_1+\bar{N}_2+\bar{N}_3\\ d_{j-\left(\bar{N}_1+\bar{N}_2+\bar{N}_3+1\right)}, & j=\bar{N}_1+\bar{N}_2+\bar{N}_3,\cdots,\bar{N}_1+\bar{N}_2+\bar{N}_3+2\\ d_{j-\left(\bar{N}_1+\bar{N}_2+\bar{N}_3+1\right)}, & j=\bar{N}_1+\bar{N}_2+\bar{N}_3+2,\cdots,\bar{N}\end{cases}$$

$$\phi_j(t_i) = \begin{cases} \left(y(t_i) + y_0\right)^{2j-1}, & j = 1, 2, \cdots, \bar{N}_1 \\ \dot{y}(t_i)^{2j-1}, & j = \bar{N}_1 + 1, \cdots, \bar{N}_1 + \bar{N}_2 \\ 0.5\,\mathrm{sgn}\left(\dot{y}(t_i)\right), & j = \bar{N}_1 + \bar{N}_2 + 1 \\ \mathrm{sgn}^{j+1}\left(\dot{y}(t_i)\right)\cos\left\{ j\arccos\left[\dfrac{2y(t_j) - 2y(t_m)}{\Delta y} - \mathrm{sgn}\left(\dot{y}(t_i)\right)\right]\right\}, & j = \bar{N}_1 + \bar{N}_2 + 2, \cdots, \bar{N}_1 + \bar{N}_2 + \bar{N}_3 \\ 0.4[-k_m'''(y(t))y(t)\cos\varphi_2]y(t)^n, & j = \bar{N}_1 + \bar{N}_2 + \bar{N}_3 + 1, \cdots, \bar{N}_1 + \bar{N}_2 + \bar{N}_3 + 2 \\ \left\{0.3[-k_m'''(y(t))y(t)\cos^2\varphi_1\cos\varphi_2] - 0.4[-k_m'''(y(t))y(t)\cos\varphi_2]\right\}y(t)^{n-2}, & j = \bar{N}_1 + \bar{N}_2 + \bar{N}_3 + 3, \cdots, \bar{N} \end{cases}$$

$$Q(t) = 0.4\left[k_m'''(y(t))\left|y(t)\right|\cos\varphi_2\right]$$

$\varepsilon_i(i = 1, 2, \cdots, \bar{N})$ 为模型的残差，用矩阵的形式表示，可得

$$\boldsymbol{F} = \boldsymbol{\Phi}\boldsymbol{\Theta} + \boldsymbol{\Delta} \tag{7-15}$$

式中，

$$\boldsymbol{F} = [F(t_1) - z_{f2}(t_1), F(t_2) - z_{f2}(t_2), \cdots, F(t_{\bar{N}}) - z_{f2}(t_{\bar{N}})]^{\mathrm{T}}$$

$$\boldsymbol{\Phi} = [\varphi_1, \varphi_2, \cdots, \varphi_{\bar{N}}]^{\mathrm{T}}$$

$$\boldsymbol{\Theta} = [\theta_1, \theta_2, \cdots, \theta_n]^{\mathrm{T}} = [k_1, \cdots, k_{2\bar{N}_1 - 1}, c_1, \cdots, c_{2\bar{N}_2 - 1}, a_1, \cdots, a_{\bar{N}_3}, d_1, \cdots, d_6]^{\mathrm{T}}$$

$$\boldsymbol{\Delta} = [\varepsilon_1, \varepsilon_2, \cdots, \varepsilon_{\bar{N}}]$$

将式(7-15)的边界条件代入式(7-15)构建关于参数 $\boldsymbol{\Phi}$ 的最小二乘法误差最小化优化选择问题形式如下：

$$\min\|\boldsymbol{P}\boldsymbol{A}\boldsymbol{\Theta} + \boldsymbol{\Delta} - \boldsymbol{F}\|, \quad \boldsymbol{A}_{i=1,2,\cdots,N} * \boldsymbol{\Phi} \leqslant \boldsymbol{b}_{i=1,2,\cdots,N} \tag{7-16}$$

式中，$\boldsymbol{A}_{i=1,2,\cdots,N} = \begin{bmatrix} 0 & \cdots & 0 & \varepsilon_i & 1 & 0 & 0 & 0 & 0 \\ 0 & \cdots & 0 & -\varepsilon_i & -1 & 0 & 0 & 0 & 0 \\ 0 & \cdots & 0 & 0 & 0 & \varepsilon_i^3 & \varepsilon_i^2 & \varepsilon_i & 1 \\ 0 & \cdots & 0 & 0 & 0 & -\varepsilon_i^3 & -\varepsilon_i^2 & -\varepsilon_i & -1 \\ 0 & \cdots & 0 & \varepsilon_i & 1 & \varepsilon_i^3 & \varepsilon_i^2 & \varepsilon_i & 1 \\ 0 & \underbrace{\cdots & 0}_{\bar{N}-6} & -\varepsilon_i & -1 & -\varepsilon_i^3 & -\varepsilon_i^2 & -\varepsilon_i & -1 \end{bmatrix}$；$\boldsymbol{b}_{i=1,2,\cdots,N} = \begin{bmatrix} 1 \\ 0 \\ 1 \\ 0 \\ 1 \\ 0 \end{bmatrix}$；$\|\|$ 代表欧拉距离。

7.2.2　动力学参数优化

由于 $\boldsymbol{\Phi}_{N \times \bar{N}}(\bar{N} \leqslant N)$ 是满秩矩阵，因此可以采用 QR 分解表示为

$$\boldsymbol{\Phi} = \boldsymbol{Q}\boldsymbol{R} \tag{7-17}$$

式中，$\boldsymbol{Q}$ 为 $N \times \bar{N}$ 的单元矩阵；$\boldsymbol{R}$ 为 $\bar{N} \times \bar{N}$ 的上三角矩阵，$\boldsymbol{R}$ 的主对角元素为正数 $l_{11}, l_{22}, \cdots, l_{\bar{N}\bar{N}}$。引入对角矩阵 $\boldsymbol{D} = \mathrm{diag}[l_{11}, l_{22}, \cdots, l_{\bar{N}\bar{N}}]$，则式(7-17)可表示为

$$\boldsymbol{\Phi} = \boldsymbol{G}\boldsymbol{A} \tag{7-18}$$

式中，$\boldsymbol{A} = \boldsymbol{D}^{-1}\boldsymbol{R}$ 为 $\bar{N} \times \bar{N}$ 的上三角矩阵，主对角元素为 1，如式(7-19)所示：

$$
A = \begin{bmatrix}
1 & a_{12} & a_{13} & \cdots & a_{1\bar{N}} \\
0 & 1 & a_{23} & \cdots & a_{2\bar{N}} \\
0 & 0 & \ddots & \ddots & \vdots \\
\vdots & \ddots & \ddots & 1 & a_{\bar{N}\bar{N}} \\
0 & \cdots & 0 & 0 & 1
\end{bmatrix}
\tag{7-19}
$$

$G = QD$ 为 $N \times \bar{N}$ 的正交列阵，$r_i(i = 1, 2, \cdots, \bar{N})$，如式 (7-20) 所示：

$$
G^T G = D^2 = R = \mathrm{diag}[r_1, r_2, \cdots, r_{\bar{N}\bar{N}}]
\tag{7-20}
$$

将式 (7-18) 代入式 (7-15)，可得

$$
F = GA\varLambda + \gamma
\tag{7-21}
$$

引入 $\varPsi = A\varLambda$，可得

$$
F = G\varPsi + \gamma
\tag{7-22}
$$

采用最小二乘法进行参数求解，可得

$$
\varPsi = (G^T G)^{-1} G^T F
\tag{7-23}
$$

由于 A 为上三角正交矩阵，因此，$\varPsi$ 的正交空间基向量 $\lambda_1, \lambda_2, \cdots, \lambda_{\bar{N}}$ 的空间维度与 $\varPhi = [\varphi_1, \varphi_2, \cdots, \varphi_{\bar{N}}]^T$ 一致，且 $\varLambda = \varPsi / A$。

假设 $F(t_i)$（其中 $i = 1, 2, \cdots, N$）为激励载荷力 F 去除方差均值后的向量数列，而 $\varDelta$ 与 $P\varPsi$ 线性无关，因此数列 $F(t_i)$ 的方差可以表示为

$$
\sigma_F^2 = \frac{1}{N} F^T F = \frac{1}{N} (G\varPsi + \gamma)^T (G\varPsi + \gamma) = \frac{1}{N} (\varPsi^T G^T G\varPsi + \gamma^T \gamma) = \frac{1}{N} (\lambda_j^2 g_j^T g_j + \gamma^T \gamma)
\tag{7-24}
$$

式中，等式右边第一项 $\frac{1}{N} \varPsi^T G^T G\varPsi$ 为期望输出方差，而第二项 $\frac{1}{N} \gamma^T \gamma$ 为误差输出方差，第一项对于输出方差的方差贡献率可以表示为

$$
\mathrm{EER}_j = \frac{\lambda_j^2 g_j^T g_j}{F^T F} \times 100\%, \quad j = 1, 2, \cdots, \bar{N}
\tag{7-25}
$$

第二项对于输出方差的方差贡献率可以表示为

$$
\mathrm{EER}_j^2 = \frac{\gamma^T \gamma}{F^T F} \times 100\%, \quad j = 1, 2, \cdots, \bar{N}
\tag{7-26}
$$

因此，输出方差项可表示为

$$
\gamma = F - \sum_{j=1}^{\bar{N}} \frac{F \cdot g_j}{g_j \cdot g_j} g_j
\tag{7-27}
$$

在保证模型的精度下，为了提升模型的使用性，需要对动力学模型参数进行优选，具体参数优选的方法如下。

第一步：$k=1$，将模型的参数 $\boldsymbol{\Phi}=[\varphi_1,\varphi_2,\cdots,\varphi_{\bar{N}}]^{\mathrm{T}}$ 作为模型的候选集合，w_1 从中选取最优组作为优选集合：

$$\begin{cases} w_1=\varphi_j \\ \mathrm{ERR}_1^{(j)}=\dfrac{\left(F\cdot w_1^k\right)^2}{(F\cdot F)\left(w_1^k,w_1^k\right)}\times100\% \end{cases} \tag{7-28}$$

式中，j 为 $\mathrm{ERR}_1^{(j)}$ 中的最大值所对应的项，即 $\max\left(\mathrm{ERR}_1^{(j)}\right),1\leqslant j\leqslant\bar{N}$。

第二步：进行循环 $k=k+1$，剩余的模型参数 $\varphi_j^k\left(j=1,2,\cdots,\bar{N},j\notin\left(j_1,j_2,\cdots,j_{k-1}\right)\right)$ 作为模型的候选集合，w_k 从中选取最优组作为优选集合：

$$\begin{cases} w_k=\varphi_j^k-\displaystyle\sum_{i=1}^{k-1}\dfrac{\varphi_j\cdot w_i}{w_i\cdot w_i}w_i \\ \mathrm{ERR}_k^{(j)}=\dfrac{\left(F\cdot w_k^j\right)^2}{(F\cdot F)\left(w_k^j,w_k^j\right)}\times100\% \end{cases} \tag{7-29}$$

第三步：判断循环结束：

$$1-\sum_{j=1}^{\bar{\bar{N}}}\mathrm{ERR}_k<\rho,\quad 0<\rho<1 \tag{7-30}$$

式中，ρ 为误差精度，基于试验和制备工艺综合考虑。

在完成参数优选之后，最终动力学模型由 $\bar{N}$ 个待选模型参数中选出 $\bar{\bar{N}}$ 个优选模型参数，构成新的动力学模型：

$$F(t)=\sum_{k=1}^{\bar{\bar{N}}}\tilde{\theta}_k\tilde{\phi}_k(t)+\varepsilon(t) \tag{7-31}$$

式中，$\tilde{\theta}_k$ 为优选模型参数，可以通过式(7-32)进行计算：

$$\begin{cases} \tilde{\theta}_{\bar{\bar{N}}}=\zeta_{\bar{\bar{N}}} \\ \tilde{\theta}_k=\zeta_k-\displaystyle\sum_{i=k+1}^{\bar{\bar{N}}}a_{ik}\tilde{\theta}_i,\quad k=\bar{\bar{N}}-1,\bar{\bar{N}}-2,\cdots,1 \end{cases} \tag{7-32}$$

7.3　基于噪声模型的参数优化

7.3.1　噪声模型的建模

考虑到测量噪声的影响，建模过程的误差以及无法测量的信号干扰 $\varDelta$，式(7-32)可以用 NARMAX(Nonlinear Auto Regressive Moving Average with Xogenous input)模

型，即

$$F(t_i) = f\left(y(t_i), \dot{y}(t_i), \xi_{i-1}, \cdots, \xi_{i-N_\xi}\right) + \xi_i \tag{7-33}$$

式中，N_ξ 为模型残差 ξ_i 的最大滞后长度；$f(\cdot)$ 代表非线性映射关系，可以用各种各样的基函数表示这种映射关系：多项式函数、仿射函数、径向基函数、内核函数以及样条曲线和小波。多项式函数是应用最广泛的函数，所以本书采用多项式函数，其表达形式如下：

$$f\left(x_i^1, x_i^2, \cdots, x_i^S\right) = \beta_0 + \sum_{l=1}^{L}\sum_{S_1=1}^{S}\cdots\sum_{S_l=S_{i-1}}^{S}\beta_{S_1 S_2 \cdots S_l}\prod_{k=1}^{l} x_i^{S_k} \tag{7-34}$$

式中，$S = N_\xi + 2$；$x_i^k = \begin{cases} y(t_i), & k=1 \\ \dot{y}(t_i), & k=2 \\ \xi_{i-(k-2)}, & k=3,4,\cdots,S \end{cases}$；$\beta_0, \beta_{S_1 S_2 \cdots S_l}$ 为多项式系数；L 为多项式函数的最高次项。将式(7-34)代入式(7-33)可得噪声的模型为

$$\Delta = f\left(x_i^1, x_i^2, \cdots, x_i^S\right) + \xi_i - f\left(y(t_i), \dot{y}(t_i)\right) \Rightarrow \varepsilon_i = \sum_{l=1}^{L_\xi}\sum_{k_1=1}^{N_\xi}\cdots\sum_{k_i=k_i-1}^{N_\xi}\overline{\beta}_{k_1 k_2 \cdots k_i}\prod_{n=1}^{l}\xi_{i-k_n} + \xi_i \tag{7-35}$$

测量系统产生的残差 Δ 与输入和输出的线性或者非线性组合线性无关。因此，ε_i 可以表示成：

$$\varepsilon_i = \sum_{j=1}^{\tilde{N}}\tilde{\theta}_j\tilde{\phi}_j\left(\xi_{i-1}, \cdots, \xi_{i-N_\xi}\right) + \xi_i \tag{7-36}$$

式中，$\tilde{\phi}_j\left(\xi_{i-1}, \cdots, \xi_{i-N_\xi}\right)$ 为噪声项；$\tilde{\theta}_j$ 为噪声模型待识别的参数。而金属橡胶的迟滞动力学模型可表示为

$$f\left(y(t_i), \dot{y}(t_i)\right) = \sum_{j=1}^{\bar{N}}\theta_j\phi_j(t_i) \tag{7-37}$$

将式(7-36)和式(7-37)代入式(7-33)可得

$$F(t_i) = \sum_{j=1}^{\bar{N}+\tilde{N}}\lambda_j v_{ij} + \xi_i \tag{7-38}$$

式中，$\lambda_j = \begin{cases} \theta_j, & j=1,2,\cdots,\bar{N} \\ \tilde{\theta}_j, & j=\bar{N}+1, \bar{N}+2, \cdots, \bar{N}+\tilde{N} \end{cases}$；$v_{ij} = \begin{cases} \phi_j, & j=1,2,\cdots,\bar{N} \\ \tilde{\phi}_j\left(\xi_{i-1}, \cdots, \xi_{i-N_\xi}\right), & j=\bar{N}+1, \bar{N}+2, \cdots, \bar{N}+\tilde{N} \end{cases}$。

将式(7-38)转变成矩阵形式为

$$\boldsymbol{F} = \boldsymbol{V}\boldsymbol{\Lambda} + \gamma \tag{7-39}$$

式中，$\boldsymbol{V} = \left[v_{ij}\right]\begin{pmatrix} i=1,2,\cdots,N \\ j=1,2,\cdots,\bar{N}+\tilde{N} \end{pmatrix}$；$\gamma = \begin{bmatrix} \xi_1 & \xi_2 & \cdots & \xi_N \end{bmatrix}^{\mathrm{T}}$；$\boldsymbol{F} = \begin{bmatrix} F(t_1) & F(t_2) & \cdots & F(t_N) \end{bmatrix}^{\mathrm{T}}$。

7.3.2　噪声模型的参数优选

由于 $V_{N\times(\bar{N}+\tilde{N})}(\bar{N}\leqslant N)$ 是满秩矩阵，因此可以采用 Gram-Schmidt Orthogonal 化的 QR 分解表示：

$$V = vA \tag{7-40}$$

式中，

$$A = \begin{bmatrix} 1 & a_{12} & a_{13} & \cdots & a_{1(\bar{N}+\tilde{N})} \\ 0 & 1 & a_{23} & \cdots & a_{2(\bar{N}+\tilde{N})} \\ 0 & 0 & \ddots & \ddots & \vdots \\ \vdots & \ddots & \ddots & 1 & a_{(\bar{N}+\tilde{N})-1(\bar{N}+\tilde{N})} \\ 0 & \cdots & 0 & 0 & 1 \end{bmatrix}$$

v 为 $N\times(\bar{N}+\tilde{N})$ 的正交列阵：

$$v^{\mathrm{T}}v = D^2 = R = \mathrm{diag}[r_1, r_2, \cdots, r_{(\bar{N}+\tilde{N})(\bar{N}+\tilde{N})}] \tag{7-41}$$

将式(7-41)代入式(7-40)可得

$$F = vA\Lambda + \gamma \tag{7-42}$$

引入 $\Psi = A\Lambda$，可得

$$F = v\Psi + \gamma \tag{7-43}$$

采用最小二乘法进行参数求解可得

$$\Psi = (v^{\mathrm{T}}v)^{-1}v^{\mathrm{T}}F \tag{7-44}$$

假设 $F(t_i)$（其中 $i=1,2,\cdots,N$）为激励载荷力 F 去除方差均值后的向量数列，而 Λ 与 $P\Psi$ 线性无关，因此，数列 $F(t_i)$ 的方差可以表示为

$$\sigma_F^2 = \frac{1}{N}F^{\mathrm{T}}F = \frac{1}{N}(v\Psi + \gamma)^{\mathrm{T}}(v\Psi + \gamma) = \frac{1}{N}(\Psi^{\mathrm{T}}v^{\mathrm{T}}v\Psi + \gamma^{\mathrm{T}}\gamma) = \frac{1}{N}(\zeta_j^2 v_j^{\mathrm{T}}v_j + \gamma^{\mathrm{T}}\gamma) \tag{7-45}$$

式中，等式右边第一项 $\frac{1}{N}\zeta_j^2 v_j^{\mathrm{T}}v_j$ 为期望输出方差，而第二项 $\frac{1}{N}\gamma^{\mathrm{T}}\gamma$ 为误差输出方差，第一项对于输出方差的方差贡献率可以表示为

$$\mathrm{ERR}_j = \frac{\zeta_j^2 v_j^{\mathrm{T}}v_j}{F^{\mathrm{T}}F}\times 100\%, \quad j=1,2,\cdots,\bar{N}+\tilde{N} \tag{7-46}$$

模型的精度往往以模型的复杂程度作为代价，而对复杂模型的计算更加困难，从而降低了模型的使用性。为了模型的精度与模型的复杂程度的综合考虑，在噪声模型参数的方差贡献率的基础上引入可调整的预测误差的平方之和（APRESS）[6] 作为模型长度的判断，其表达式为

$$\mathrm{APRESS}(n) = c(n)\mathrm{MSE}(n) \tag{7-47}$$

式中，$c(n)=\left(\dfrac{1}{1-\alpha n/N}\right)^{2}$，$\alpha\geqslant 1$ 为复杂性函数。$\mathrm{MSE}(n)=1-\mathrm{ERR}_{j}$ 为误差输出方差贡献率。

基于可调整的预测误差平方之和的噪声模型参数项优化可以对当前时刻的噪声模型参数进行优化并识别。但是噪声始终贯穿整个动力学试验过程，需要降低时间对噪声参数识别的影响。因此基于已经优化的噪声模型，进行噪声模型参数的收敛，具体收敛算法如图 7-4 所示。

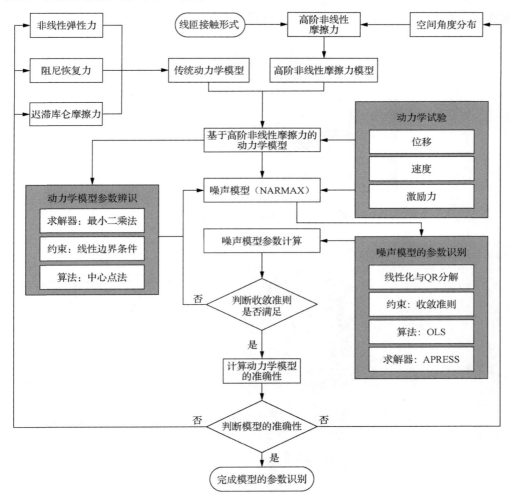

图 7-4　噪声模型参数项优化及收敛方案

7.4　实 例 分 析

本节通过金属橡胶动力学试验来验证提出的动力学模型，使用 304 不锈钢作为原材料制备外径为 20mm、内径为 8.5mm、高度为 15mm 的空心圆柱金属橡胶样件，采用 $0.8g/cm^3$、$1.0g/cm^3$ 和 $1.2g/cm^3$ 三种密度验证模型的通用性。如图 7-5 所示，金属橡胶在室温下的动态试验测试系统上进行了测试，测试试验工装如图 7-6 所示。

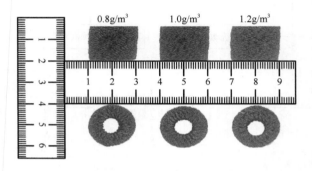

图 7-5　三种密度的金属橡胶样件图

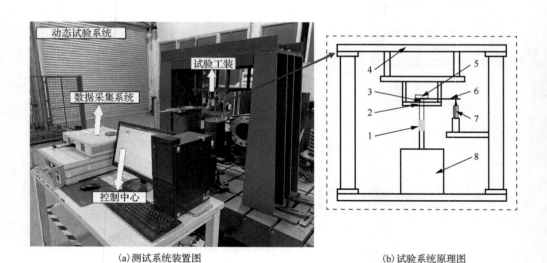

(a) 测试系统装置图　　　　　　　　　　(b) 试验系统原理图

图 7-6　金属橡胶简谐激励试验测试系统

1-力传感器；2-下压块；3-金属橡胶样件；4-基座；5-上压块；6-伸出块；7-位移传感器；8-激振器

7.4.1　噪声模型的参数识别结论

噪声参数优选的噪声模型可以表示为

$$\varepsilon_i = \beta_1 \xi_{i-1} + \beta_2 \xi_{i-5} + \beta_3 \xi_{i-4} + \beta_4 \xi_{i-3} \tag{7-48}$$

式中，$\beta_1 = -1.3153$；$\beta_2 = 0.9484$；$\beta_3 = 0.2556$；$\beta_4 = -0.0744$。根据多项式噪声模型绘制响应图，如图 7-7 所示。

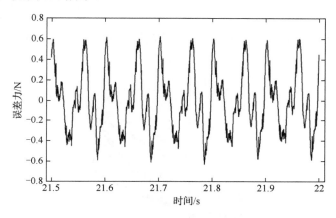

图 7-7　噪声响应

7.4.2　动力学模型的参数识别结论

将三种密度的金属橡胶进行简谐激励测试，得到对应的变形位移与激励，再代入高阶非线性摩擦(high-order nonlinear friction，HNF)动力学模型中进行参数识别，得到不同密度下的金属橡胶高阶非线性动力学模型。结合式(7-48)可知，HNF 动力学模型主要与金属橡胶的弹性模量和泊松比、金属丝的形状尺寸以及金属丝的接触形式有关，因此将其作为表征金属橡胶的工艺参数以及金属丝材料特性的影响因子，而该影响因子能够随着金属橡胶的工艺参数或者材料的改变进行调整，因此，HNF 动力学模型比传统动力学模型拥有更强的灵敏性。由于该影响因子的存在，HNF 动力学模型拥有对金属橡胶工艺参数变化的抗扰动能力，使用原有的模型仍然拥有极强的预测精度，因此 HNF 动力学模型比传统动力学模型拥有更强的鲁棒性，最后通过方差分析来检验模型的准确性。传统动力学模型与 HNF 动力学模型的方差分析如表 7-1 所示。相关指数 R^2 的值越接近 1，模型的精度越高。HNF 动力学模型在不同密度下的模型相关指数均为 0.999 无限接近 1，而传统动力学模型随着密度的变化、模型的残差与数量级的增长，模型的相关系数开始下降，表明 HNF 动力学模型具有优秀的模型通用性和精度。

表 7-1　传统动力学模型与 HNF 动力学模型的方差分析表

项目	传统动力学模型			HNF 动力学模型		
	0.8g/cm^3	1.0g/cm^3	1.2g/cm^3	0.8g/cm^3	1.0g/cm^3	1.2g/cm^3
RSS	6422	73707	2.253×10^5	115.9112	864.7746	749.3585
TSS	2.1748×10^6	1.3352×10^7	1.8327×10^7	1.0749×10^6	6.5478×10^6	8.8295×10^6
R^2	0.997	0.994	0.987	0.999	0.999	0.999

　　不同密度金属橡胶的经典模型曲线、理论模型曲线与试验曲线的对比，如图 7-8 所示。

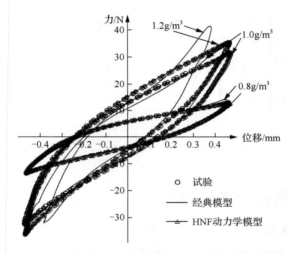

图 7-8　不同密度金属橡胶的经典模型曲线、
HNF 动力学模型曲线与试验曲线的对比图

　　从图 7-8 中可知，随着密度的变化，HNF 动力学模型的理论值与试验的结果贴合程度仍然很高，而经典模型随着密度的变化，误差逐渐加大。这也证明了 HNF 动力学模型不但具有较高的精度，也具有较强的模型通用性。

　　取一个周期进行激励与变形位移关系分析，根据激励方向的不同将迟滞回线分为正向激励与反向激励两部分，如图 7-9 所示，根据理论模型，金属橡胶的迟滞回线又可以分解为弹性恢复力 $f_k(\cdot)$、黏性阻尼恢复力 $f_c(\cdot)$ 和迟滞阻尼力 $z_{f_1}(t)$ 以及高阶非线性摩擦力 $f_{fH}(t)$ 四条曲线，如图 7-9（c）与图 7-9（d）所示。弹性恢复力 $f_k(\cdot)$ 表现为一条指数单值曲线，这表明金属橡胶存在从弹性变形到指数硬化阶段。由式（7-48）可知黏性阻尼恢复力 $f_c(\cdot)$ 主要受变形速度影响。对 3→4 阶段的黏性阻尼恢复力进行分析：根据牛顿第二定律，随着金属橡胶反向位移变形的减小，弹性恢复力 $f_k(\cdot)$ 逐渐减小，金属橡胶受到的合力逐渐减小，直到弹性恢复力 $f_k(\cdot)$ 降低到 0 时，变形速度达到最大值，黏性阻尼恢复力 $f_c(\cdot)$ 达到最大值；对 4→1 阶段的黏性阻尼恢复力进行分析：金属橡胶在 4 处发生了从"释放"到"压缩"的变化，其受到合力的方向发生了转变；随着正向位移变形的增大，弹性恢复力 $f_k(\cdot)$ 逐渐增大，金属橡胶受到的合力逐渐增大，金属橡胶的变形速度逐渐减小直到在 3 处变为 0，因此黏性阻尼恢复力也逐渐减小直到 3 处 $f_c(\cdot)=0$。反向激励中 1→2→3 与正向激励中 3→4→1 呈周期对称关系，因此其曲线现象也为周期对称。迟滞阻尼力 $z_{f1}(t)$ 的曲线清楚地表明双折线的弹性变形极限 $y_s=0.0575\text{mm}$。

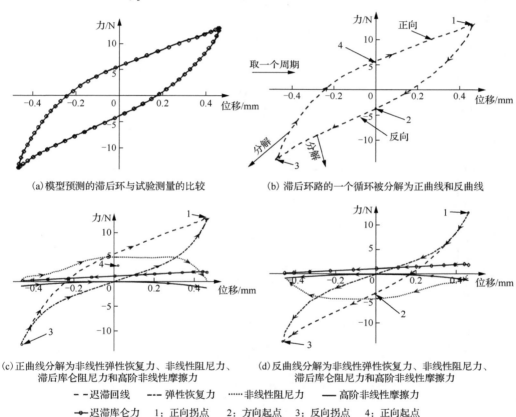

(a) 模型预测的滞后环与试验测量的比较

(b) 滞后环路的一个循环被分解为正曲线和反曲线

(c) 正曲线分解为非线性弹性恢复力、非线性阻尼力、滞后库仑阻尼力和高阶非线性摩擦力

(d) 反曲线分解为非线性弹性恢复力、非线性阻尼力、滞后库仑阻尼力和高阶非线性摩擦力

－－ 迟滞回线　－－－ 弹性恢复力　…… 非线性阻尼力　—— 高阶非线性摩擦力
－○－ 迟滞库仑力　1：正向拐点　2：方向起点　3：反向拐点　4：正向起点

图 7-9　动态模型的验证和分析

7.4.3　高阶非线性摩擦力分析

将高阶非线性摩擦力 $f_{fH}(t)$ 分为正向激励与反向激励两个阶段进行分析，如图 7-10 所示。

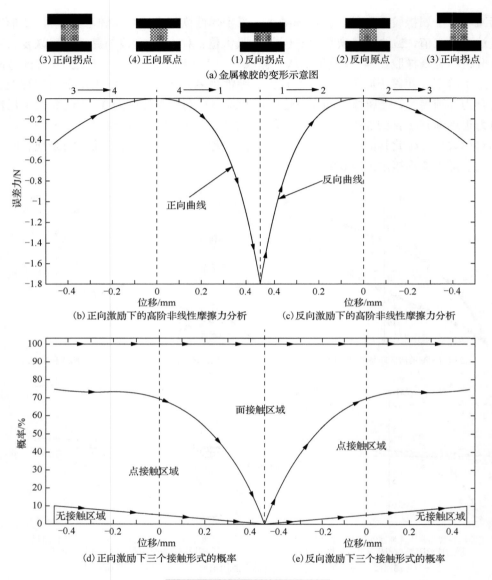

(a) 金属橡胶的变形示意图

(b) 正向激励下的高阶非线性摩擦力分析　　　(c) 反向激励下的高阶非线性摩擦力分析

(d) 正向激励下三个接触形式的概率　　　(e) 反向激励下三个接触形式的概率

图 7-10　高阶非线性摩擦力分析

在正向激励阶段 3→4→1，金属橡胶逐渐往"压缩"方向变形，金属橡胶内部金属丝的活动空间极大降低，金属丝的勾连程度加深。在反向激励阶段 1→2→3，金属橡胶逐渐往"释放"方向变形，金属橡胶内部金属丝的活动空间增加，金属丝的勾连程度降低，如图 7-10(a) 所示。由式(7-8)可知，高阶非线性摩擦力 $f_{fH}(t)$ 主要受载荷的影响，无论是在正向激励的作用下还是反向激励的作用下，金属橡胶预压量始终大于变形位移量，即 $y_0 > y_t$，因此金属橡胶始终处于压缩状态，内部金属丝始终保持受压状态即 F_N 始终小于 0，因此高阶非线性摩擦力 $f_{fH}(t)$ 也始终小于 0，如图 7-10(b) 与 (c) 所示。由式 (7-1) 可知，载荷 F_N 由金属橡胶的变形位移决定。在正向激励阶段，金属橡胶的变形位移从正向拐点向正向原点变形 3→4→1 时，金属橡胶的正向变形位移从-0.44mm→0→0.44mm，载荷 F_N 先降低后增大，因此，高阶非线性摩擦力 $f_{fH}(t)$ 也先降低后增大，如图 7-10(b) 所示。而 1→2→3 阶段处于反向激励阶段，金属橡胶的变形位移变化与正向激励相反，因此高阶非线性摩擦力的变化趋势与正向激励相反，如图 7-10(c) 所示。由式 (7-8) 可知，金属橡胶的高阶非线性摩擦力 $f_{fH}(t)$ 还与其摩擦系数 μ 有关，摩擦系数 μ 又与金属橡胶的内部金属丝的接触形式有关。利用与接触形式有关的参数可绘制出三种不同接触形式的比例变化图，如图 7-10(d) 与图 7-10(e) 所示。

在 3→4 阶段，金属橡胶主要处于"释放"状态，金属橡胶内部的空间较大，因此金属丝之间的接触形式变化较为平稳。随着金属橡胶反向位移变形减小，金属橡胶的高度逐渐变小，无接触的金属丝开始相互靠近直至转变成点接触。而点接触的金属丝逐渐增加接触面积，最终形式为面接触形式。在这个阶段，虽然金属橡胶内部金属丝的接触形式存在变化，但仍以点接触形式为主。在 4→1 阶段，金属橡胶处于"压缩"状态，由于金属橡胶内部的空间较小，金属丝之间的接触形式变化较为明显。随着金属橡胶的位移变形增大，金属橡胶的高度减小，无接触的金属丝继续减少，点接触形式随着正向位移变形增大，金属橡胶内部金属丝的活动空间极大缩减，最终呈指数形式向面接触形式转变。由于 1→2→3 阶段，金属橡胶受到的反向激励与正向激励相反，接触形式的变化趋势与 3→4→1 相反，如图 7-10(e) 所示。

参 考 文 献

[1]　RIVLIN T J. The chebyshev polynomials[M]. New York: Wiley,1974.

[2]　REN Z Y, SHEN L L, BAI H B, et al. Constitutive model of disordered grid interpenetrating structure of flexible microporous metal rubber[J]. Mechanical systems and signal processing, 2021, 154: 107567.

[3]　BARBER J R. Elasticity[M]. Germany: Springer, 2002.

[4]　BORESI A P, SCHMIDT R J, SIDEBOTTOM O M. Advanced mechanics of materials[M]. New York: Wiley, 1985.

[5]　WARD J P. General solutions using the castigliano theorem[J]. International journal of mechanical engineering education, 1997, 25(3): 205-214.

[6]　GU Y L, WEI H L, BALIKHIN M M. Nonlinear predictive model selection and model averaging using information criteria[J]. Systems science & control engineering, 2018, 6(1): 319-328.

第8章 金属橡胶热物理性能
及力学性能研究

本章基于虚拟制备与实时重构数值技术等多种微观分析手段，复现不同尺寸实心圆柱金属橡胶内部无序的孔隙结构，并运用有限元方法研究在高温环境下金属橡胶的热物理性能及力学性能，热物理性能主要包括金属橡胶无序非连续结构的传热性能以及热膨胀性能。

8.1 金属橡胶高温热行为研究

金属橡胶在高温工况下具有广阔的应用潜力，然而其无序非连续的材料结构与变化的材料属性使得其热物理性能与接触特性难以被观察与评估。为了解决这一问题，基于虚拟制备技术对金属橡胶进行有限元仿真分析，可以对金属橡胶的热物理性能及其内部孔隙结构的变化进行观察与研究。

8.1.1 材料热物理参数与模型边界条件

金属橡胶常用材料为 304 奥氏体不锈钢，其基本的热物理参数如表 8-1 所示。为了研究金属橡胶的传热机制并观察温度相关的结果，设置相应的边界条件，如图 8-1 所示。上平面和下平面分别作为夹持面和支撑面，为金属橡胶提供成形方向上的物理约束，其中下平面还作为热源提供 27.5（常温）～700℃线性增加的热载荷。同时，在金属橡胶两端的表面施加位移约束，模拟侧壁对它的约束。

表 8-1 304 奥氏体不锈钢丝热参数

密度/(g/cm³)	导热系数(0～700℃)/(W/(m·K))	比热容(0～700℃)/(J/(kg·K))	热膨胀系数(0～700℃)/(10⁻⁶/K)
7.93	13.8～25.5	394～525	16.54～18.87

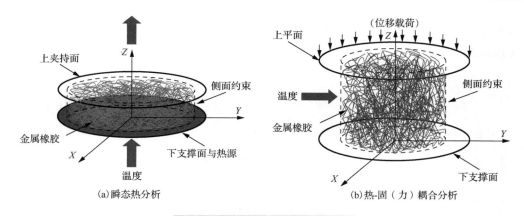

图 8-1　瞬态热分析模型的边界条件

8.1.2　有限元仿真分析

1. 有限元瞬态热分析

多孔材料的传热过程主要有三种基本传热机制，即热传导、热对流和热辐射。研究表明，当孔隙中的流体不发生相变且固相基体稳定时，热传导是主要的传热形式。此外，如果平均孔径小于 4mm 并且在限制的温度下存在足够多的吸收界面，此时热对流和热辐射对传热过程的贡献率很低，可以忽略其影响[1,2]。因此，基于金属橡胶多界面接触和微孔隙的结构特性，在对其进行有限元瞬态热分析时，假设整个传热过程以固相和气相的热传导为主。

瞬态热分析与时间相关，材料属性需要导热系数、比热容和密度。瞬态条件下热分析的能量控制方程可以表示为以下形式：

$$
\lambda_{xx}\frac{\partial^2 T}{\partial x^2} + \lambda_{yy}\frac{\partial^2 T}{\partial y^2} + \lambda_{zz}\frac{\partial^2 T}{\partial z^2} + \left(\lambda_{xy} + \lambda_{yx}\right)\frac{\partial^2 T}{\partial x \partial y} + \left(\lambda_{xz} + \lambda_{zx}\right)\frac{\partial^2 T}{\partial x \partial z}
$$
$$
+ \left(\lambda_{yz} + \lambda_{zy}\right)\frac{\partial^2 T}{\partial y \partial z} = c_p \rho \frac{\partial T}{\partial t}
$$

(8-1)

式中，λ_{xx}、λ_{xy}、λ_{xz}、λ_{yx}、λ_{yy}、λ_{yz}、λ_{zx}、λ_{zy}、λ_{zz} 为材料在各个方向上的导热系数，在不锈钢中表现为各向同性；T 为温度；c_p 为比热容；ρ 为密度。

根据热力学第二定律，能量总是自发地、不可逆地从高温处转移到低温处，对于金属材料而言这一过程实际上是微观层面原子振动以及自由电子运动的结果，反映在宏观层面就形成了特定的温度场分布，如图 8-2 所示。对此，沿成形方向选取高度位置不同的金属丝，并分别计算各金属丝与整体模型的平均温度，如图 8-3 所示。可见，金属丝与整体模型的平均温度随时间呈现出近乎线性的增长趋势，且具有明显的分层效应，空间位置靠近热源面的金属丝温度较高，而相对位置远离热源面的金属丝温度较低。

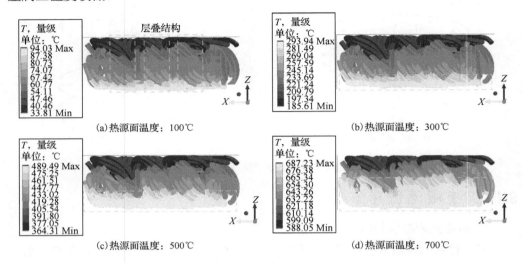

(a)热源面温度：100℃　　　　　　　　　　　　(b)热源面温度：300℃

(c)热源面温度：500℃　　　　　　　　　　　　(d)热源面温度：700℃

图 8-2　整体金属橡胶的温度场分布

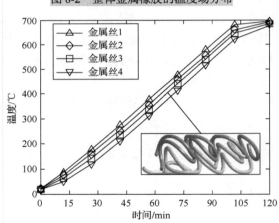

图 8-3　金属橡胶模型温度的分层效应

　　温度变化是热交换的标志，通常还可以用热通量来表示，其大小和路径反映了热传导的程度和方向，如图 8-4 所示。在高温环境下，金属橡胶内部的热流主要沿着连续的金属丝进行轴向上的传递。此外，金属丝之间相互缠结，并且与上下平面相互接触，形成了许多接触界面。由于金属丝的实际温度各不相同，因此在接触界面上容易形成温差，故接触点处的传热行为较为活跃。选择靠近并且相互接触的两根金属丝作为观测对象，突出显示其局部热流情况，如图 8-5 所示。由图可知，接触界面之间由于相对位置的不同而呈现出迥异的接触状态，接触范围越大且越紧密的位置热流变化越频繁，而未接触的区域热流变化值较小。这进一步表明接触状态的变化显著影响金属橡胶的传热表现，当金属丝之间相互靠近且接触时，在温差作用下两者会进行一定程度的换热。

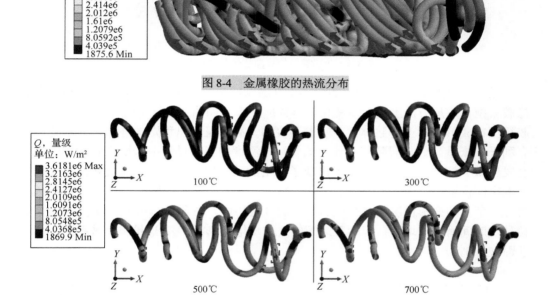

图 8-4　金属橡胶的热流分布

图 8-5　金属丝的局部热流情况

2. 有限元热-固耦合分析

由于金属橡胶在单一热载荷作用下的膨胀变形属于微动位移，其中摩擦产生的热量与环境温度的影响相比可以忽略不计。因此，采用顺序耦合的方式进行仿真模拟，忽略结构变形对温度场的影响。环境温度升高时，金属丝材料会发生几何尺寸和体积的微小变化。图 8-6(a)展现了金属橡胶宏观模型在 30min、60min、90min 以及 120min 时的变形云图。随着温度的升高，金属橡胶各区域的变形量逐渐增加。同时，金属橡胶特殊的孔隙结构使得金属橡胶制品在高温热载荷的作用下发生孔隙包容现象，如图 8-6(b)所示。随着内向变形量的进一步扩增，螺旋单元间相互接触对开始增加，填充了未接触对之间的间隙，未接触对逐渐转换接触状态，使得接触对的体积分数随之增加。

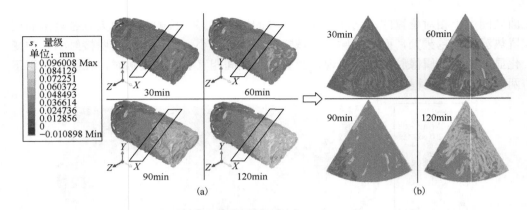

图 8-6　金属橡胶的外向变形与内向膨胀

通过测定上平面在 Z 轴上的变形量并除以模型原始高度，可以进一步得到金属橡胶模型在成形方向上随温度变化的整体应变率，如图 8-7(a) 所示。可见，金属橡胶模型在成形方向上的整体尺寸随着温度的升高而呈现出稳定的外向延伸趋势，这有利于膨胀量预估与间隙量设计。此外，在温度的稳定过程中金属橡胶模型的尺寸会发生微小波动，这是由于材料出现了一定的回缩现象。进一步在金属橡胶剖面上选取空间位置接近于孔隙的节点，可得到其受热膨胀的变形情况，如图 8-7(b) 所示。可见，节点的变形情况整体呈现出明显的分段特性。在升温的初期阶段(a-b)，节点位移随时间而线性增大；但随着时间的进一步增加(b-c)，变形量将会被孔隙所收容从而被抑制。

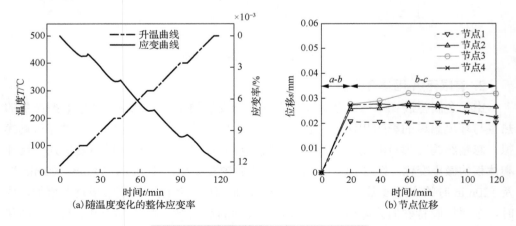

图 8-7　金属橡胶的整体应变率与节点位移

当材料应用在高温环境时，不仅需要关注结构尺寸上的变形，还必须考虑由此产生的热应力，以考虑热膨胀产生的应力对金属橡胶材料性能的影响。为了保证金属橡胶构件在使用过程中的稳定性，通常需要施加一定的预压缩量。而当环境温度变化后，由于其外部的限制与自身结构的影响，局部区域不能完全自由膨胀，从而将产生相应的应力。对此，基于金属橡胶模型的温度场分布结果并结合模型位移，可以计算得到其等效应力分布，如图 8-8 所示。随着温度的进一步提升，模型的不同区域开始出现不同程度的应力分布，且应力程度逐渐加深。研究表明，金属橡胶的弹性变形能力随预应力的增大而减小[3]，因此，升高温度会增大金属橡胶的刚度，从而强化其刚性支承性能。

图 8-8　不同温度环境下金属橡胶的应力云图

3. 有限元热-力耦合分析

分别对金属橡胶施加 100℃、300℃、500℃的恒温热场，将静力结构模块中得到的热应力结果输入显示动力学模块作为预应力，并在成形方向上施加 1mm 的位移载荷对模型进行压缩，模型的整体变形如图 8-9 所示。可见，在热载荷与位移载荷的共同作用下，金属橡胶不仅发生了整体的热膨胀变形，还出现了自上而下的挤压变形。

加载过程中的等效应力云图分别见图 8-10(a)～(c)。由图可知，模型的等效应力分布随着压缩量与温度的增加而愈加明显。在加载过程中，成形方向上方与压板直接接触的部分金属丝率先发生位移与形变，从而产生相应的等效应力。随着压缩量的增加，金属橡胶内部的金属丝被挤压并进一步相互接触，从而向下作用应力。

此外，随着压缩量与温度的升高，金属橡胶内部开始出现应力集中现象。局部区域过高的应力值会对材料造成不可逆的塑性变形，并在卸载后留下残余应力，因此需要重点观察。提取应力集中处节点在不同环境温度下的等效应力值数据点，并进一步对其进行拟合，得到等效应力随压缩量的变化曲线，如图 8-11 所示。可见，节点处的等效应力在总的趋势上都是先随着压缩量的增大而陡然上升，随后趋于和缓，甚至略有下降。同时，还可以观察发现应力集中处节点的等效应力峰值随温度的升高而增大，这是由于金属丝在不同环境温度下膨胀变形所贡献的热应力不同，而金属丝结构的不同也造成这一结果。

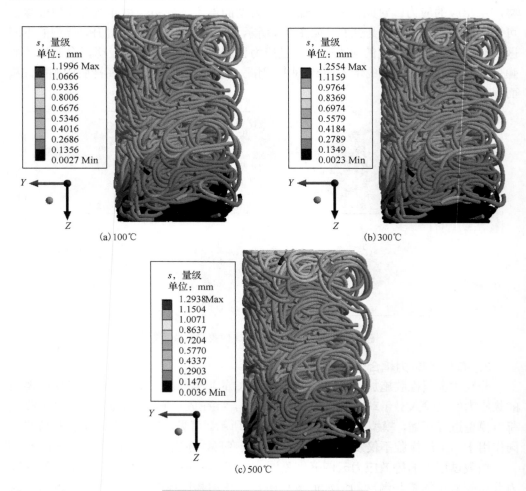

(a) 100℃　　　　　　(b) 300℃

(c) 500℃

图 8-9　模型在不同温度下的压缩变形图

同时，可导出应力集中处节点的等效弹塑性应变曲线，如图 8-12 所示。可见，整体应变值随压缩量的增大而增大，但具有分段阶跃的特点。当压缩量小于 0.2mm 时，应变值发生一次阶跃，随压缩量的增大而呈现出近乎线性的增长趋势。此时，金属丝主要处于弹性变形阶段。而当压缩量为 0.2～0.4mm 时，应变值趋于稳定。此时，金属丝随压板向下做压缩运动。而当压缩量大于 0.6mm 时，随着金属橡胶整体体积的压缩，线匝之间的挤压情况进一步加剧，产生塑性变形，同时伴随接触界面之间的微动滑移现象，故发生二次阶跃。

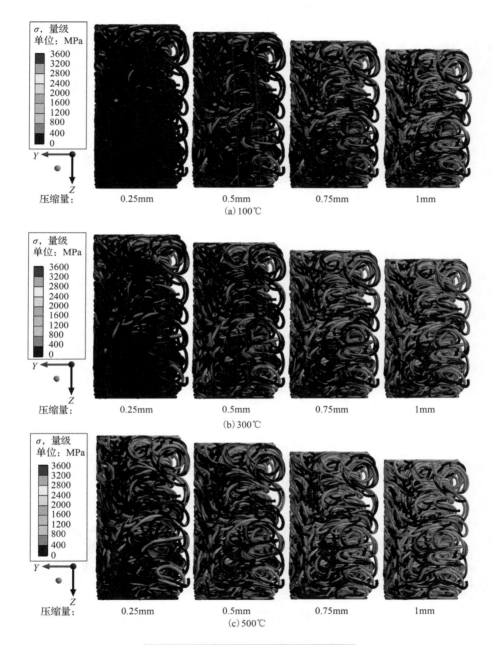

图 8-10　不同温度下压缩的应力分布云图

　　然后，提取相互接触的金属丝，进一步观察与研究这一挤压变形现象，如图 8-13 所示。可见，在热-力耦合作用下，金属丝发生了一定程度的压缩变形，同时金属丝之间紧密接触，形成挤压区域。随着应力和压缩量的逐渐增大，挤压区域也逐渐扩张，应力值越发显著。

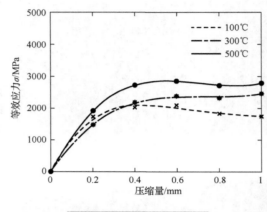

图 8-11　等效应力变化曲线

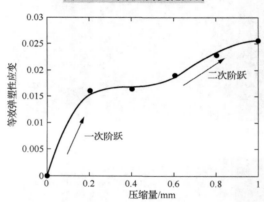

图 8-12　等效弹塑性应变曲线

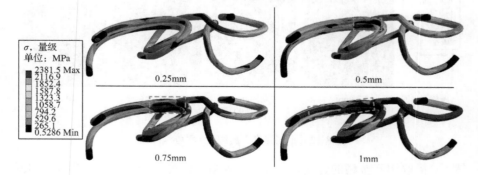

图 8-13　金属丝间的挤压接触应力情况

8.1.3　金属橡胶高温准静态压缩试验

1）试验仪器与原理

为了进一步验证有限元分析中得到的结论，本书以实心圆柱金属橡胶实物样品为对象开展高温准静态压缩试验。由于模型的虚拟制备参数来源于样品的实际制备过程，因此试验样品与热-力耦合仿真过程中的模型高度一致，尺寸参数相同，高度和直径都为 8mm，如图 8-14（a）所示。

试验仪器采用济南天辰智能装备股份有限公司生产的 WDW-20T 微机控制电子万能材料试验机，如图 8-14（b）所示。试验机的最大试验力为 200kN，试验力测量精度优于±1%示值，高温环境由电子万能材料试验机所配备的高温箱所提供。试验前，先在常温下对试件进行反复加卸载使试件达到相对稳定的状态，从而消除残余应力以及不平接触面的影响。通过电阻丝加热、石棉隔热，分别使环境温度保持在 25℃、100℃、300℃。压缩速率为 1mm/min，当压缩量为 1mm 时试验终止。

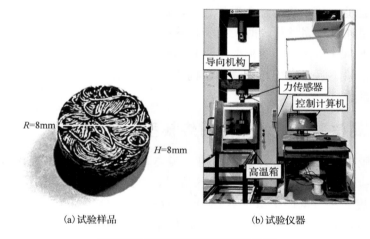

（a）试验样品　　　　　　　　（b）试验仪器

图 8-14　高温准静态压缩试验仪器

2）试验结果与讨论

金属橡胶高温准静态压缩试验过程中包含着复杂的接触行为与热力行为，通过其加载曲线可以从整体反映出材料的接触、变形与受力过程，如图 8-15（a）、（b）与（c）所示。从整体上看，金属橡胶样品的力-位移曲线呈现出典型的三阶段特性，即起始的线性特性、中期的软特性，以及最终的指数硬化特性。此外，在设定的温度范围内，金属橡胶加载时的力-位移曲线随着环境温度的升高整体增长趋势也相应提高，试验最大值分别达到了 12.7kN、14.4kN 与 18.5kN。

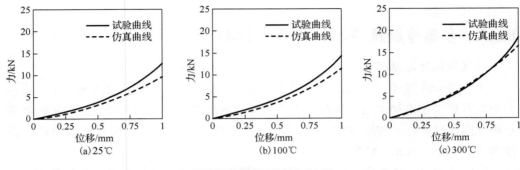

图 8-15　等效应力变化曲线

8.2　金属橡胶的传热性能研究

研究发现，金属橡胶独有的结构特性使其具有作为隔热材料的应用潜力[3]。一方面，当热量通过气孔中的气态介质传递时，极低的导热系数减慢了传递速度。另一方面，当热量通过金属丝传递时，由于传热路径长且接触紧密，因此温度场分布均匀。对此，本节从整体模型中提取出具有结构特征的螺旋单元，在此基础上采用热电比拟法结合最小阻值定律与并联模型构建金属橡胶的热阻网络模型，以精确预测其有效导热系数。

8.2.1　金属橡胶传热的热阻网络模型

金属橡胶内部天然存在大量的接触，其类型和数量在载荷(温度或力)作用下会发生突变，从而影响接触界面的导热情况。对此，可以基于结构离散对金属橡胶进行多尺度建模，从而提取并存储模型的特征结构参数。在这一基础上通过热电比拟法与最小阻值定律对金属橡胶进行数值重构，从而构建金属橡胶的热阻网络模型。

1. 螺旋单元结构离散与统计

有限元方法虽然可以得到金属橡胶的整体热场分布以及局部热流情况，但无法从细观尺度反映传热过程的结构效应。对此，通常从整体模型中提取特征结构单元或者通过尺度缩放建立代表性模型。采用结构离散化方法，将金属橡胶内部连续的螺旋卷划分为一系列螺旋单元，进行参数统计和数值重构。首先从金属橡胶中抽取单根金属丝，然后在其 Y 轴的极值点处进行分段，得到具有独特结构参数的螺旋单元，如图 8-16 所示。

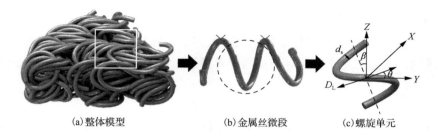

(a) 整体模型　　　　(b) 金属丝微段　　　　(c) 螺旋单元

图 8-16　结构离散化过程

在结构参数中，d_s 和 D_L 分别表示金属丝和螺旋单元的直径，θ 和 β 分别是螺旋单元的螺旋角及其基轴与 Z 轴的夹角。

据统计，模型内部有 41 根金属丝，可以分段得到 153 个具有包括 β 在内特定结构参数的螺旋单元。进一步定义迂曲度 τ 来表征单根金属丝热传导路径的实际长度与投影距离之间的倍数关系：

$$\tau = \frac{L_{ri}}{L_{Zi}} \tag{8-2}$$

式中，L_{ri} 为第 i 根弯线的实际长度；L_{Zi} 为第 i 根线在 Z 轴方向的投影距离。

基于数值模型中的轨迹坐标可以计算和统计螺旋单元的代表性结构参数，如图 8-17 所示。据统计，螺旋卷热传导路径的长度是投影距离的几十倍。此外，螺旋单元的轴线角大部分集中在 60°～90° 的大角度范围内，约占总数的 87%。虽然金属橡胶内部的金属丝仍然保持螺旋状，但其曲率发生了一定程度的变化。因此，对其进行规则化的近似可以均衡曲率的偏差，从而保证螺旋单元的一致性。

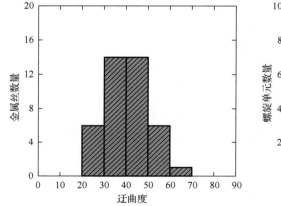
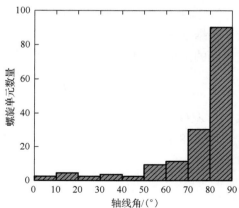

图 8-17　代表性结构参数

2. 热电比拟法与最小阻值定律

热电比拟法是解决瞬态传热问题的有效方法。物体的传热过程与导电过程具有紧密的联系，其内部电子的热导与材料的电导满足维德曼-弗兰兹（Wiedemann-Franz）定律：

$$\kappa_e = L_0 \lambda T \tag{8-3}$$

式中，κ_e 为材料的电导；$L_0 = 2.45 \times 10^{-8}\,\mathrm{W \cdot \Omega / K^2}$ 为洛伦茨常量；λ 为材料的导热系数。可见，电子的热导与材料的电导成正比。此外，二者的传导过程在抽象概念上也十分接近。当电流在导体内部传导时，会受到阻碍作用，而当热量在物体中传导时，也会遇到阻力。参考导电过程的欧姆定律，热流 q 与热阻 R 之间的关系可以表示为热量流过具有一定阻力的通道时引起的温降，即

$$R = \frac{\Delta T}{q} \tag{8-4}$$

根据傅里叶定律：

$$R = \frac{L}{A\lambda} \tag{8-5}$$

式中，A 和 L 分别为热流通道的截面积和长度。

将式（8-5）代入式（8-4）可得

$$q = \frac{\Delta T A \lambda}{L} \tag{8-6}$$

因此，若已知热流通道的几何参数与流过的热流及其引起的温降，代入式（8-6）即可得到在其流通方向的导热系数。

3. 模型有效导热系数预测

根据金属丝之间的相互关系可以采用并联方式构建金属橡胶的热阻网络。将螺旋单元的结构参数代入式（8-6），可以得到其在 Z 轴方向的热流：

$$q_Z = \frac{\Delta T d_s^2 \sin\theta \cos\beta \lambda_w(T)}{4 D_L} \tag{8-7}$$

式中，$\lambda_w(T)$ 为作为原材料的金属丝在给定温度下的导热系数。

将式（8-7）代入式（8-4），可以相应计算出第 i 根金属丝上的第 j 个螺旋单元的等效热阻 R_{ij}：

$$R_{ij} = \frac{4 D_L}{d_s^2 \sin\theta \cos\beta_{ij} \lambda_w(T)} \tag{8-8}$$

由于同一根金属丝上的螺旋单元以串联方式连接并传导热量，假设第 i 根金属丝上螺旋单元的个数为 N，则单根金属丝的热阻可以通过螺旋单元串联并计算：

$$R_{i=1} = \sum_{i=1}^{N} R_{ij} = \frac{4D_L}{d_s^2 \sin\theta \cos\beta_{i1} \lambda_w(T)} + \frac{4D_L}{d_s^2 \sin\theta \cos\beta_{i2} \lambda_w(T)} + \cdots + \frac{4D_L}{d_s^2 \sin\theta \cos\beta_{iN} \lambda_w(T)}$$
$$(8\text{-}9)$$

式中，R_i 为合成后第 i 根金属丝的总热阻。

将式(8-9)代入式(8-5)，可得第 i 根金属丝的导热系数为

$$\lambda_i = \frac{L_{Zi}}{\pi\left(\dfrac{D_L}{\lambda_w \sin\theta \cos\beta_{i1}} + \dfrac{D_L}{\lambda_w \sin\theta \cos\beta_{i2}} + \cdots + \dfrac{D_L}{\lambda_w \sin\theta \cos\beta_{iN}} \right)}$$
$$(8\text{-}10)$$

由式(8-10)可知，影响单根金属丝导热系数的关键结构参数为 L_{Zi} 和 β，而 D_L 和 θ 因制造工艺的统一而具有固定的值。对于理想螺旋单元，其导热系数随温度与轴线角度的变化情况如图 8-18 所示。值得注意的是，根据理论公式，金属丝的丝径并不会影响金属橡胶的导热系数，这一结论在过往的研究中也通过试验得到了验证。

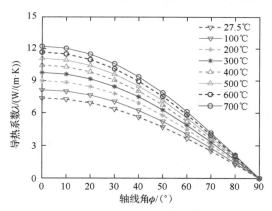

图 8-18　理想螺旋单元在不同条件下的理论变化情况

进一步代入每个螺旋单元的空间坐标和结构参数，可以分别得到模型中不同金属丝在特定温度下的导热系数，如图 8-19 所示。可见，金属丝的导热系数结果可以分为大、中、小三组，这正是由于关键结构参数的影响。路径越直、投影距离越大的金属丝的导热系数越大，增长趋势也更明显。

除此之外，金属橡胶的导热性能还与孔隙中的气体介质相关。由于金属橡胶内部孔隙的随机性和几何不可预测性，通常用孔隙率来进行表征：

$$\varepsilon = 1 - \frac{\rho_t}{\rho_w}$$
$$(8\text{-}11)$$

式中，ρ_t 和 ρ_w 分别为金属橡胶的密度和金属丝的密度。

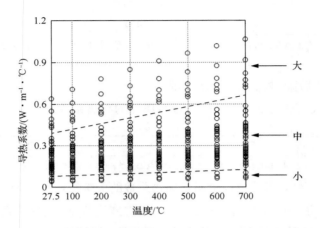

图 8-19　不同金属丝在特定温度下的导热系数

　　假设金属丝的数量为 M ，基于并联模型可将金属丝上的螺旋单元和孔隙中的气体介质视为占据整体不同体积分数的不同热阻，进而得到金属橡胶热阻网络模型，如图 8-20 所示。其中， R_i 是金属丝的热阻， R_a 是空气介质的集总热阻， R_{ij} 是各个螺旋单元的热阻。

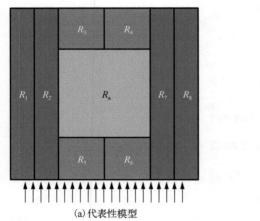

（a）代表性模型

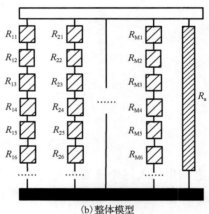

（b）整体模型

图 8-20　金属橡胶热阻网络的代表性模型与整体模型

　　因此，金属橡胶模型的导热系数可以结合并联模型计算：

$$\lambda_e = \sum_{i=1}^{M} v_i \lambda_i + \varepsilon \lambda_a \qquad (8\text{-}12)$$

式中， λ_e 为金属橡胶的有效导热系数； v_i 为不同金属丝的体积分数； λ_a 为空气的热导率。

　　通过代入相应的结构参数可以对具有不同相对密度数值模型的有效导热系数进行预测，如图 8-21 所示。可见，模型的导热系数随温度的升高或孔隙率的减小而增大。此外，整体的导热系数远小于独立螺旋单元或是单根金属丝的数值，这体现出了金属橡胶优异的隔热能力。

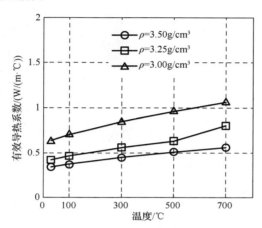

图 8-21　有效导热系数预测结果

8.2.2　金属橡胶瞬态传热试验与模型验证

1. 试验仪器与原理

　　为了获得金属橡胶的等效导热系数并验证热阻网络模型的准确性，采用德国 NETZSCH 公司生产的 LFA457 激光热分析仪对同尺寸的金属橡胶样品进行瞬态导热试验，所制备样品的尺寸和形状列于表 8-2 中。激光热分析仪由激光发射器、夹持装置以及探测器等部分组成，如图 8-22 所示。它采用闪光法通过用激光脉冲均匀照射样品的下表面来测量材料的传热性能，其准确性取决于是否完全满足理论边界条件。

表 8-2　样品参数

样品序号	厚度/mm	直径/mm	密度(孔隙率)/(g/cm³)
M-1	1.98	12.7	3.512 (55.7%)
M-2	2.03	12.7	3.260 (58.9%)
M-3	2.05	12.7	3.001 (62.1%)

2. 试验结果与讨论

　　试验从室温开始，并保持稳定的升温速率。热扩散率由上表面的温度随时间变化曲线的形状决定，热容量由热电偶指示的最高温度决定，图 8-23 显示了样品在特定温度点的热扩散系数和比热容。

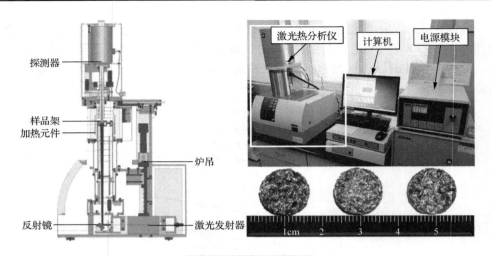

图 8-22　试验样品与设备

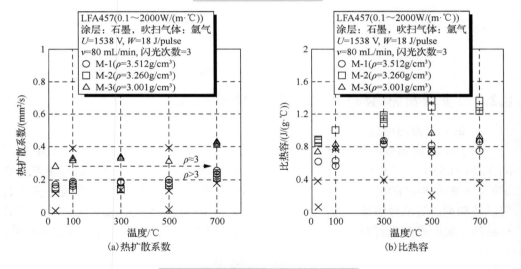

(a) 热扩散系数

(b) 比热容

图 8-23　不同样品瞬态传热试验的结果

　　观察图 8-23 可知，M-1 和 M-2 的热扩散系数比较接近，随着温度的升高，两者都在 0.2 左右波动。但是，M-3 的结果更大。这是因为 M-3 的密度（≈3g/cm³）低于M-1 和 M-2（>3g/cm³）。因此，金属丝比较稀疏，整体热传导路径更短，传热速度更快、更灵敏。而且，不同样品的比热容也不同。基于费米统计的现代金属电子理论表明：电子的比热容与温度成正比，在室温下仅占金属总比热容的 1%。然而，在高温下，电子的比热容会影响金属的比热容，而晶格振动的比热容会趋近于一个常数。因此，对于不同密度的样品，电子和晶格振动对整体比热容的贡献率不同。

最后，导热系数由热扩散系数、比热容和密度的乘积决定：

$$\lambda(T)=\alpha(T)c_{\mathrm{p}}(T)\rho \tag{8-13}$$

不同相对密度样品的有效导热系数的试验结果如图 8-24 所示。从图中可以看出，有效导热系数随着温度的升高而增加。这一趋势背后的原因主要集中在三个方面。首先，304 不锈钢的导热系数随着温度的升高而增加。其次，升温导致的热膨胀促进了金属丝之间的接触，这增强了整体金属橡胶的连通性，从而增大了有效导热系数。同时，高温会增加热辐射在整个传热过程中的贡献率。材料特性、结构特性和传热机制的结合共同产生了这种结果。另外，值得注意的是，金属橡胶的有效导热系数在其结构效应的影响下远低于同尺寸的块状 304 不锈钢（仅为材料本身的 2%～5%）。因此，它在隔热方面具有广阔的应用前景。

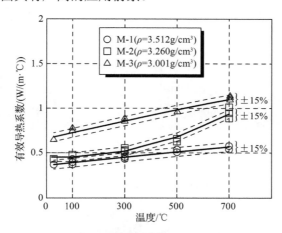

图 8-24　金属橡胶有效导热系数随温度变化的试验结果与模型预测结果

多孔隔热材料的导热系数与密度有很强的相关性。一般来说，材料的密度越低（孔隙和空气越多，固体部分越少），导热系数越小。然而，热导率不会随着密度的增加而无限制地降低。在复合传热的情况下，三种机理分别占据不同的贡献率。一方面，当密度小于某个临界值时，由于较高的孔隙率，对流和辐射相应加强，多孔隔热材料的有效导热系数反而增加。另一方面，在结构效应的影响下，密度的增加使得金属橡胶内部金属丝的轴线角和迂曲度增大，导致传热时出现各向异性并增大热阻。因此，对于金属橡胶保温能力的评价，还应严格考虑密度的影响。为此，可引入密度相关的隔热因子来评价在相同试验条件下金属橡胶的隔热能力：

$$\eta=\frac{\lambda}{\rho}=\frac{d}{\rho R} \tag{8-14}$$

其物理意义是：在材料厚度固定的情况下，密度与热阻的乘积表征材料的隔热能力。乘积越大(隔热因子越小)，隔热能力越强。图 8-25 展示了样品在特定温度下隔热因子的结果。可以看出，样品的隔热因子随温度的升高而上升，这是由于材料的有效导热系数随温度升高而增大。此外，相对密度不同的金属橡胶样品所对应的隔热因子的平均水平也各不相同，其中 M-1 的最小，M-2 次之，而 M-3 的隔热效果相比前两者较差。通过这一结果可以反映出金属橡胶的隔热潜力，并且能够在相同厚度的前提条件下评价各样品的阻热能力。由于基于结构参数的热阻网络模型具有实际物理意义，其预测结果与试验结果具有较高的一致性，因此可以通过协调关键结构参数的取值来设计和优化有效导热系数和 η，从而进一步指导金属橡胶作为隔热材料的应用。

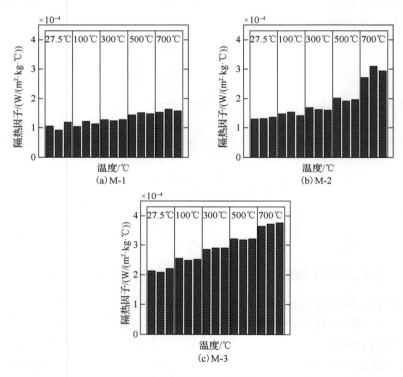

图 8-25　不同样品在特定温度下的隔热因子

3. 不确定性分析与误差分析

进一步采用 Kline 和 McClintock 方法分析试验结果的不确定性，如表 8-3 所示。误差结果如图 8-26 所示，热阻网络模型对金属橡胶有效导热系数的预测值与试验结果基本一致，最大误差为 9.07%，最小误差仅为 0.46%，平均误差小于 4%。这一结果证明了所提出方法的有效性和准确性。

表 8-3　样品有效导热系数的试验结果与预测值

温度/℃	M-1		M-2		M-3	
	试验结果	预测值	试验结果	预测值	试验结果	预测值
27.5	0.368	0.338	0.429	0.421	0.643	0.638
100	0.397	0.374	0.480	0.465	0.755	0.706
300	0.443	0.449	0.532	0.559	0.867	0.848
500	0.521	0.510	0.639	0.636	0.957	0.964
700	0.556	0.563	0.948	0.801	1.110	1.063

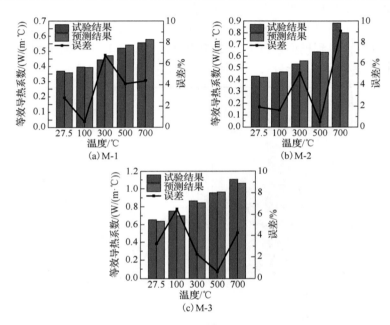

图 8-26　不同样品在特定温度下的等效导热系数及误差

8.3　金属橡胶的热膨胀性能研究

　　尽管已经以相当全面的方式探究了金属橡胶在常温下的应用，但在该材料的热物理研究方面的报道较少，且大部分为试验研究。一方面，温度所导致的膨胀与收缩不仅会直接影响构件的宏观尺寸，还会影响金属丝之间的局部接触状态。另一方面，温度会改变应力和应变的大小与分布，从而影响金属橡胶的预应力状态与力学性能。

8.3.1　金属橡胶热膨胀的 Schapery 模型

金属橡胶在高温环境中的热膨胀性能受到多因素的影响，包括材料的属性以及孔隙的细观结构等，因此其热膨胀系数相对来说难以准确预测。最简单的方法是将其整体的热膨胀系数视为与组分的热膨胀系数、体积分数线性相关，从而基于混合法则构建线性模型。然而，由于该模型在简化过程中忽略了材料的弹性作用，因此，其预测值与试验结果相接近，但多数情况下误差较大。

1. 螺旋单元及其组合的膨胀分析

研究发现，金属橡胶的热膨胀系数与其孔隙率以及弹性模量之间存在一定的外推联系。对此，本节基于螺旋单元进一步对其热膨胀变形原理进行深入探究。通过结构离散可以统计得到模型内部共有 211 根金属丝，在其 Y 轴的坐标极值点上可以截取 625 个螺旋单元，如图 8-27 所示。

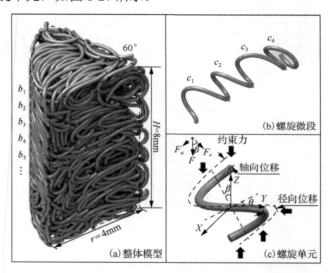

图 8-27　金属橡胶模型的结构离散与细观膨胀原理

可见，螺旋单元受热会在各个方向上发生膨胀变形，产生相应的轴向位移与径向位移。根据材料热力学以及弹簧理论[4,5]，在外部约束的作用下螺旋单元将受到热应力，利用卡氏定理[6]，进而可以计算任意轴线角的螺旋单元沿成形方向的刚度：

$$k(\varphi) = \frac{F}{\Delta n} = \frac{Ed^2 \cos\theta}{4D\cos\beta(\omega_1(\theta)) + D\cos\beta\sin\beta(\omega_2(\theta))} \tag{8-15}$$

式中，ω_1、ω_2 分别代表螺旋单元热膨胀的结构变形参数，$\omega_1 = \sin^2\theta$，$\omega_2 = \cos^2\theta$。

除了螺旋单元自身的结构参数外，单元之间的组合形式对于整体模型的热膨胀也有重要的影响。对此，可通过螺旋单元间不同的相对位置与接触状态归纳其代表性组合形式并建立相应的膨胀变形等效模型。

对于未接触的螺旋单元组，由于孔隙的收容机制，二者的膨胀变形首先用于抵消间隙，仅有上端部分的膨胀在成形方向上传递。在这种情况下，其成形方向的等效热膨胀系数 α_1 可以描述为

$$\alpha_1 = \frac{\dfrac{\alpha l \sin\theta\cos\beta_1 \Delta T}{2}}{(l_0 + l\sin\theta\cos\beta_1 + l)\Delta T} = \frac{l\sin\theta\cos\beta_1}{2(l_0 + l\sin\theta\cos\beta_1 + l)}\alpha \le \alpha \tag{8-16}$$

式中，α 为不锈钢金属丝的热膨胀系数；l 为螺旋单元的原长；ΔT 为温度的变化量。

同时，未接触状态的螺旋单元组在膨胀时下端不受力的作用，因此其等效刚度为

$$k_1 = k(\beta_1) \tag{8-17}$$

而对于接触滑移的螺旋单元组而言，其等效热膨胀系数可以描述为

$$\alpha_2 = \frac{\alpha l\sin\alpha\cos\beta_1\Delta T + \alpha l\sin\alpha\cos\beta_2\Delta T}{(l\sin\alpha\cos\beta_1 + l\sin\alpha\cos\beta_2)\Delta T} = \alpha \tag{8-18}$$

此时，螺旋单元产生了支承力 F_N 与支反力 F_N'，其等效刚度为[7]

$$k_2 = \frac{k(\beta_1)k(\beta_2)}{\left[1 + \dfrac{\sin(|\beta_1 - \beta_2|)}{\cos(|\beta_1 - \beta_2|)}\tan(|\beta_1 - \beta_2|)\right]k(\beta_1) + k(\beta_2)} \tag{8-19}$$

同理可以得到处于挤压接触关系的螺旋单元组的等效热膨胀系数为

$$\alpha_3 = \frac{\alpha l\sin\alpha\cos\beta_1\Delta T + \alpha l\sin\alpha\cos\beta_2\Delta T}{(l\sin\alpha\cos\beta_1 + l\sin\alpha\cos\beta_2)\Delta T} = \alpha \tag{8-20}$$

此时螺旋单元组的组合形式接近于并联结构，故其等效刚度为

$$k_3 = k(\beta_1) + k(\beta_2) \tag{8-21}$$

工程中，结构的弹性模量可以通过其刚度来体现：

$$E_i = \frac{k_i}{A}, \quad i = 1,2,3 \tag{8-22}$$

式中，$E_i(i = 1,2,3)$ 分别为三种基本组合的螺旋单元组的弹性模量。

2. 模型热膨胀系数的预测

通过上述的公式推导，可看出任意螺旋单元组的等效膨胀系数与弹性模量都和其轴线角 β_1, β_2 密切相关。对此，基于结构离散统计该模型内部螺旋单元的轴线角分布，如图 8-28 所示。可见，模型内部螺旋单元的轴线角同样集中分布在大角度范围（60°～90°）内，约占总数的 90%。这表明金属橡胶在成形方向的尺寸增量主要源于螺旋单元的径向膨胀变形。在这一基础上，建立金属橡胶任意角度的随机分布组合，

从而反映金属橡胶内部金属丝复杂的无序非连续结构，如表 5-1 所示。由于螺旋单元间的结构参数相近，因此可以将其在动态接触分析中得到的组合分布比例视为相应的体积分数从而构建 Schapery 模型。

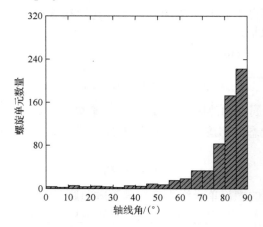

图 8-28　螺旋单元的轴线角分布

Schapery 模型[8]考虑了材料组元之间的热应力作用，通过材料的体积模量来确定热膨胀系数的上下限，并基于能量原理阐述了各组分弹性模量对整体膨胀系数的影响。根据 Schapery 模型，可以得出：

$$\alpha_e = \frac{\sum_{i=1}^{N}\alpha_i\phi_i E_i}{\sum_{i=1}^{N}\phi_i E_i} \tag{8-23}$$

式中，α_e 为结构整体的等效热膨胀系数；α_i, E_i, ϕ_i 分别为不同组分的热膨胀系数、弹性模量以及所占的体积分数。

将 8.2 节中推导的不同组合形式的螺旋单元组的体积分数、等效热膨胀系数以及等效弹性模量代入式（8-23），可相应建立金属橡胶的 Schapery 模型并计算其等效热膨胀系数：

$$\alpha_{MR} = \frac{\alpha_1\phi_1 E_1 + \alpha_2\phi_2 E_2 + \alpha_3\phi_3 E_3}{\phi_1 E_1 + \phi_2 E_2 + \phi_3 E_3} \tag{8-24}$$

对于金属橡胶材料，在低温时，由于孔隙的存在，未接触对占比最大，金属橡胶的热膨胀系数最大限度地受到未接触对的影响。当温度升高时，热膨胀变形逐步增大，受到外部约束和材料膨胀的影响，热膨胀变形作用于金属橡胶的孔隙，使得金属橡胶内部的接触状态发生变化。同时，基于有限元及金属橡胶热膨胀的 Schapery 模型，金属橡胶在不同温度下的热膨胀量如图 8-29 所示。

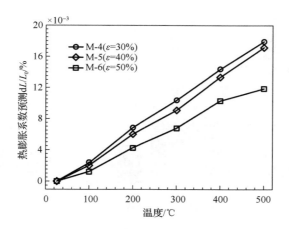

图 8-29　等效热膨胀系数的预测结果

8.3.2　金属橡胶孔隙结构试验与热膨胀试验

1. 试验仪器与原理

金属橡胶由金属丝组成，在其周围分布着充满气相介质的孔隙。孔隙结构在不同程度上影响材料包括热膨胀性能在内的宏观性质。通常，金属橡胶内部的孔隙具有随机分布的特征，且形状并不规则。这使得难以通过常规手段表征其结构，而只能采用简化模型计算其当量直径。对此，首先通过电子显微镜对金属橡胶内部的孔隙结构进行观测，进而采用压汞法测量金属橡胶样品的孔隙率与孔径分布。测量仪器选择美国麦克公司生产的型号为 AutoPore IV 9500 的全自动压汞仪，如图 8-30 所示。根据 Washburn 方程[9]，只要确定汞与待测材料的接触角以及汞压，便可换算得到孔径。

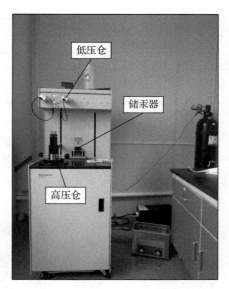

图 8-30　压汞测量仪

此外，金属橡胶的热膨胀试验是在德国耐驰仪器制造有限公司生产的 DIL 402C 型热膨胀仪中开展的。测试装置由温控炉、试管样品架、位移传感器等部件组成，如图 8-31 所示。值得注意的是，在此过程中样品所受到推杆的约束力近乎可以忽略，可以将其视为自由状态下的热膨胀。

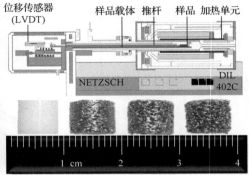

图 8-31　DIL 402C 型热膨胀仪及其原理

为了研究金属橡胶热膨胀时的结构稳定性，加入同尺寸的橡胶样品作为对照，样品参数如表 8-4 所示。在试验中，分别将每个试样放在样品架上并关闭温控炉，然后激励热电偶使环境温度以合适的加热速率（5℃/min）逐渐升高至所需的温度[10]。由于材料的传热能力良好，样件尺寸小，保温时间长，样品与环境之间的温度滞后可以忽略不计。此外，在测试过程中以 50mL/min 的流速引入高纯氩气作为保护气体，以防止样品温度分布不均和氧化，并保证压力保持不变。

表 8-4　样品参数

样品序号	厚度/mm	直径/mm	孔隙率/ %
R-1	8	8	——
M-4	8.02	8.01	29.8
M-5	8.03	8.02	40.3
M-6	8.05	8.01	50.4

2. 试验结果与讨论

孔隙率的不同会影响金属丝的疏密程度与孔径大小，首先通过扫描电子显微镜（SEM）可对不同孔隙率的金属橡胶样品进行观察，如图 8-32 所示。可见，金属丝周围分布的孔隙从整体来看呈现出明显的不规则几何形态。随着孔隙率的增大，样品内部的金属丝排布变得稀疏。

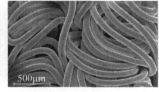

(a) M-4 (ε=30%)　　　　　(b) M-5 (ε=40%)　　　　　(c) M-6 (ε=50%)

图 8-32　不同孔隙率金属橡胶样品的 SEM 图

　　进而通过压汞法测量不同孔隙率样品内部的当量孔径，图 8-33（a）与表 8-5 展示了不同孔隙率范围的金属橡胶样品组孔径分布的结果。样品的孔径分布曲线分别沿其均值左右对称，近似于正态分布，这一点已经有学者通过平面随机分割理论进行了验证[11]。此外，不同样品之间随着孔隙率的增大，其平均孔径也随之增大。

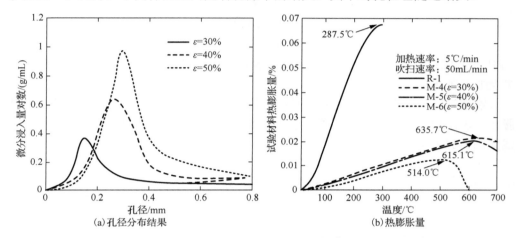

(a)孔径分布结果　　　　　　　　　　　(b)热膨胀量

图 8-33　孔径分布结果与金属橡胶试验热膨胀量

表 8-5　不同孔隙率金属橡胶样品参数

样品孔隙率/ %	孔径集中分布值/mm	浸入量/(g/mL)
30	0.142	0.380
40	0.247	0.631
50	0.288	1.014

　　与此同时，在 25～700℃的温度范围内展开样品热膨胀试验，测量了金属橡胶在升温过程中的热膨胀变形，从而计算得到成形方向上的线性膨胀系数，结果如图 8-33（b）所示。可见，随着温度的升高，作为对照的橡胶材料比金属橡胶具有更尖锐的变化曲线，这表明金属橡胶的结构稳定性更好。对于熵弹性材料橡胶来说，它的软化收缩可以在热力学中解释为恒定张力下随着温度升高而收缩，热收缩率可以表示为

$$\frac{\partial L}{T} = -f \cdot \frac{L_0}{T} \cdot \frac{1}{E_a} \quad (8\text{-}25)$$

式中，f 为单位面积张力；T 为温度；L 为试样在载荷方向上的长度；L_0 为试样在载荷方向上的初始长度；E_a 为弹性模量。

　　而对于金属橡胶来说，其弹性构成主要以能弹性为主，主要表现为温度的耐受性，即拥有更宽的温度稳定区间，在高温环境下仍能保持稳定的承载能力(刚度和硬

度)，只有在温度超过极限时才会减弱，但可逆变形值小。

　　进一步还可以分别得到样品的物理膨胀系数和工程膨胀系数：

$$\alpha(T) = \frac{1}{L_0} \cdot \frac{\mathrm{d}L}{\mathrm{d}T} \tag{8-26}$$

$$\alpha_{(T_1-T_2)} = \left[\left(\frac{\Delta L}{L_0} \right)_{(T_2)} - \left(\frac{\Delta L}{L_0} \right)_{(T_1)} \right] \cdot \frac{1}{T_2 - T_1} \tag{8-27}$$

式中，$\mathrm{d}L/\mathrm{d}T$ 为长度对温度的偏导；L 为样品的伸长量；T_1 为固定参考温度(25℃)；T_2 为加热的最高温度。

　　物理膨胀系数表示金属橡胶样品在成形方向上线长度的瞬时变化率，而工程膨胀系数表示样品在特定温度范围内中线长度的平均变化率，其结果随温度的变化曲线如图 8-34 所示。

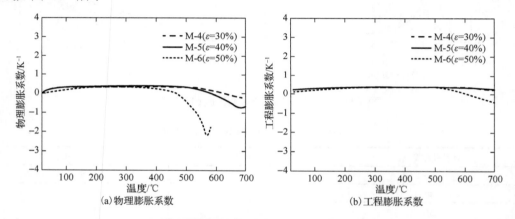

(a)物理膨胀系数　　　　　　　　　　　(b)工程膨胀系数

图 8-34　物理膨胀系数与工程膨胀系数曲线图

　　作为材料的固有属性，不同金属橡胶样品之间的曲线具有很好的一致性，表明该测试具有较高的一致性和重复性。此外，通过观察物理膨胀系数曲线图可以发现其值在特定的软化点之前接近常数，这证明了金属橡胶样品在高温下的膨胀稳定性。

3. 残差分析

　　残差分析是一种评价模型预测值 $\hat{y}_i$ 与试验结果 y_i 之间信息差异度的有效手段。预测值与试验结果见表 8-6。然后对样品进行残差分析，如图 8-35 所示。

　　可见，在残差分析中，残差点 $\hat{e}_i$ 比较均匀地落在水平的带状区域内，并没有发生突兀的极值点，说明构建的预测模型能够有效地反映金属橡胶的膨胀特性。为进一步评价该模型的有效性，基于残差平方和(RSS)与总偏差平方和(TSS)可通过相关指数 R^2 的计算来进一步定量评价该模型的有效性，结果如表 8-7 所示，其中，R^2 越接近 1，则表示模型方程的预测精度越高，实际观测变量与预测变量的线性相关性越强。

可以看出，三个样品相关指数 R^2 的值均接近于 1，但随着孔隙率的增大，样品的不规则性增强，故误差增大。然而，整体的模型精度符合要求，体现出所建立的模型的准确性与有效性。

表 8-6　样品等效膨胀系数的试验结果与预测值

温度/℃	M-4		M-5		M-6	
	试验结果	预测值	试验结果	预测值	试验结果	预测值
100	2.53×10^{-3}	2.31×10^{-3}	2.20×10^{-3}	2.00×10^{-3}	8.20×10^{-4}	1.30×10^{-3}
200	6.60×10^{-3}	6.93×10^{-3}	5.80×10^{-3}	6.10×10^{-3}	3.90×10^{-3}	4.30×10^{-3}
300	1.06×10^{-2}	1.04×10^{-2}	9.50×10^{-3}	9.10×10^{-3}	7.30×10^{-3}	6.80×10^{-3}
400	1.45×10^{-2}	1.44×10^{-2}	1.38×10^{-2}	1.33×10^{-2}	1.09×10^{-2}	1.03×10^{-2}
500	1.82×10^{-2}	1.80×10^{-2}	1.78×10^{-2}	1.72×10^{-2}	1.25×10^{-2}	1.19×10^{-2}

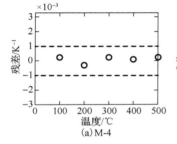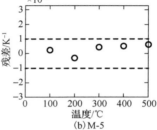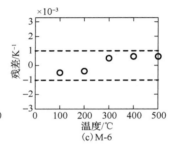

图 8-35　样品残差分析

表 8-7　模型的精度分析

样品序号	RSS	TSS	R^2
M-4	2.66×10^{-7}	2.47×10^{-4}	0.9892
M-5	9.00×10^{-7}	2.34×10^{-4}	0.9616
M-6	1.36×10^{-6}	1.35×10^{-4}	0.8994

参 考 文 献

[1]　GAILITE M P, TOLKS A M, LAGZDIN A Z, et al. Evaluating the thermal conductivity of foam plastics[J]. Mechanics of composite materials, 1990,26(3): 315-319.

[2]　ADUDA B O. Effective thermal conductivity of loose particulate systems[J]. Journal of materials science, 1996,31(24): 6441-6448.

[3]　CHANDRASEKHAR K, RONGONG J, CROSS E. Mechanical behaviour of tangled metal wire devices[J]. Mechanical systems and signal processing, 2019, 118: 13-29.

[4]　ZHOU T, FANG R Z, JIA D, et al. Numerical and experimental evaluation for density-related thermal insulation capability of entangled porous metallic wire material[J]. Defence technology, 2023, 23: 177-188.

[5]　KINGS T H E. "Advanced mechanics of materials" 5th edition, A.P. Boresi, R.J. Schmidt and O.M. Sidebottom[J]. Strain, 1993, 29(4): 141-142.

[6]　胡伟平, 孟庆春. 从虚功原理来理解卡氏定理的应用[J]. 力学与实践, 2019, 41(4): 449-452.

[7]　朱彬, 马艳红, 张大义, 等. 金属橡胶迟滞特性本构模型研究[J]. 物理学报, 2012, 61(7): 474-481.

[8]　SCHAPERY R A. Thermal expansion coefficients of composite materials based on energy principles[J]. Journal of composite materials, 1968, 2(3): 380-404.

[9]　WASHBURN E W. The dynamics of capillary flow[J]. Physical review, 1921, 17(3): 273-283.

[10]　JIANG J, BAO W, PENG Z Y ,et al. Creep property of TMCP high-strength steel Q690CFD at elevated temperatures[J]. Journal of materials in civil engineering, 2020, 32(2): 04019364.

[11]　国亚东. 金属橡胶液体过滤特性及试验研究[D]. 哈尔滨: 哈尔滨工业大学, 2010.

第 9 章　用于电梯曳引机减振的金属橡胶复合材料力学性能研究

本章以富沃德 GETM12C 型曳引机为研究对象，设计了一款基于金属橡胶-硅橡胶复合材料（MES-SRC）的新型曳引机减振器，并对其力学性能展开相关理论、仿真和试验研究。为后续减振器的推广应用提供了工程参考，介绍了金属橡胶作为骨架增强相的复合材料其优异的力学性能，并发展了具有连续互穿结构的复合材料仿真方法。

9.1　减振器设计与 MES-SRC 特性表征

9.1.1　电梯曳引机 MES-SRC 减振器设计

本章所研究的曳引机为富沃德 GETM12C 型，如图 9-1（a）所示。由第 1 章绪论对于电梯的介绍可以了解，电梯曳引机作为电梯系统的动力源，它不仅为电梯的上下运动提供合适的动力输出，还要通过曳引绳承载电梯其他主要零部件的质量。因此电梯曳引机减振器几乎承载着电梯的全部质量。此外，曳引机减振器还起着连接曳引机主体和工字梁底座的作用。由图 9-1（a）可以了解，曳引机安装于小工字梁基座上，工字梁的下部与减振器通过螺栓连接。减振器前后对称分布安装在大型工字横梁底座上。减振器需要承受载荷的来源以及对应的质量，如表 9-1 所示，其中工字梁基座的质量包含于曳引机内。电梯满载时所提供的载荷总重为 9230kg。曳引机减振器的个数为 6，则单个减振器的载荷为 1538.33kg。

为了确定曳引机减振器要求的性能参数，需要构建电梯曳引机系统的动力学模型。事实上，受到外部振动载荷激励下的电梯曳引机与减振器可简化为单自由度的弹簧阻尼系统，简化模型如图 9-1（b）所示。减振器承载的曳引机和相关部件的质量为 M，减振器的刚度为 k，阻尼为 c。依据振动力学中的简谐激励引起的稳态响应推导得作用到地基上的力最大值 $F_{\max}$ 为

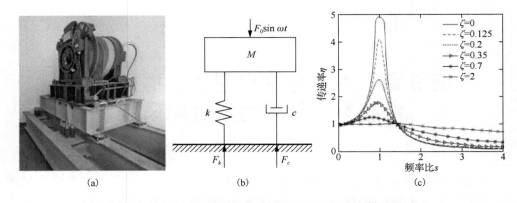

(a)　　　　　　　　　　　(b)　　　　　　　　　　　(c)

图 9-1　富沃德 GETM12C 型电梯曳引机及其弹簧阻尼系统

表 9-1　电梯曳引机减振器承受载荷

承载	重量/kg	总重/kg
曳引机钢丝绳	540	
平衡钢丝绳	440	
平衡张紧	350	
轿厢	2000	9230
对重	2800	
曳引机	1500	
乘客(满载)	1600	

$$F_{\max} = kX\sqrt{1 + 4\zeta^2 s^2} \tag{9-1}$$

式中，变形 $X = \dfrac{F_0 / k}{\sqrt{(1 - s^2)^2 + (2\zeta s)^2}}$ ；$\zeta = c / (2\sqrt{km})$ 为阻尼比；$s = \omega / \omega_n$ 为频率比，

$\omega_n = \sqrt{k / m}$ 为系统的固有频率。

振动的传递率 η 为

$$\eta = \frac{F_{\max}}{F_0} = \sqrt{\frac{1 + 4\zeta^2 s^2}{(1 - s^2)^2 + 4\zeta^2 s^2}} \tag{9-2}$$

不同阻尼比 ζ 下传递率 η 随频率比 s 的变化曲线如图 9-1(c)所示。从图中可以发现，只有当频率比 s 大于 $\sqrt{2}$ 时传递率 η 才小于 1，即能够达到减振效果。事实上，曳引机系统在运行过程中的振动频率和固有频率都相对较低，本书以固有频率 ω_n =25Hz 为标准。由于一般系统的阻尼 c 都较小，则阻尼比 ζ 可近似为 0，以电梯空载时传递率为 25%为要求，则电梯满载时传递率会更小，此时频率比 s 大于 $\sqrt{5}$ ，同时有 6 个减振器并联，且单个减振器的承载要大于15.08kN，以减振器在静态压缩下的静变形为 4mm 为标准，所设计减振器的阻尼元件刚度 k' 范围为

$$3.77\text{kN/mm} < k' < 6.28\text{kN/mm} \tag{9-3}$$

根据实际电梯曳引机的安装要求，设计如图 9-2 所示的减振器。

减振器的压盖上部通过螺栓连接曳引机工字梁基座，端盖的下表面与减振元件接触，传递来自曳引机的载荷与振动。减振元件采用的 MES-SRC，其形状为实心圆柱形。减振器上的槽孔可用螺栓固定减振器于曳引机机房内的大型工字梁底座上。

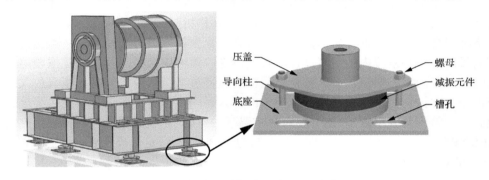

图 9-2　电梯曳引机及减振器结构组成

9.1.2　减振元件制备工艺及结构特性表征

金属橡胶材料(MR)是一种具有复杂螺旋网状结构的新型阻尼减振材料，其主要制备工艺如第 1 章的 1.2 节所示。可见，金属橡胶制备工艺烦琐，不同的工艺参数制备出的金属橡胶在空间构型上存在着较大差异。为了保证材料制备的稳定性，制备过程中需要按照严格的制备流程，把控流程中每一个步骤的细节。在本章中，依据以往经验[1,2]，选取了常用制备工艺参数(表 9-2)，以保证成品的一致性[3]。

表 9-2　金属橡胶材料的制备工艺

材料	丝材直径/mm	螺旋直径/mm	螺旋螺距/mm	缠绕角度/(°)	成形压力/kN	质量/g	成形内/外径/mm	成形高度/mm
304 不锈钢(06Cr19Ni10)	0.3	1.7	1.7	40	100~120	2.5/2.25/2	8/20	4

这项工作中，采用硅橡胶对金属橡胶进行内部孔隙的填充和表层的包覆，需选择具有良好流动性的室温硫化硅橡胶进行材料的复合。由于金属橡胶的微孔隙结构，流入孔隙中的溶液与空气接触困难而影响固化程度。为此，这项工作选择加成形室温硫化硅橡胶[4]作为基体材料。混合固化后的硅橡胶特性参数如表 9-3 所示。

表 9-3　混合硅橡胶的特性参数

（25℃）固化时间/h	硬度/HA	抗拉强度/(kgf/cm²)	撕裂强度/(kgf/cm)	断裂伸长率/%
3±1	(50±5)	62.5	8.0	236

注：1kgf = 9.80665N。

　　MES-SRC 制备的关键是让液态硅橡胶流入金属橡胶内部的微孔隙，挤出孔隙内的空气并占据相应的空间位置。为了提高填充效率，这项工作采用了真空渗流工艺，即利用真空负压加速金属橡胶微小孔隙内的空气排除和硅橡胶液体的填充速度。MES-SRC 的制备流程如图 9-3 所示，首先分别称相同质量的硅橡胶 A、B 溶液并倒入烧杯混合搅拌，将混合后的硅橡胶溶液置入真空箱内第一次抽真空。第一次抽真空的目的是排除溶液内的空气，使配置的硅橡胶溶液更纯净。其次将硅橡胶溶液取出并倒入聚四氟乙烯模具中，再把金属橡胶缓慢放入模具内，同时将模具放入真空箱内第二次抽真空，硅橡胶溶液对孔隙的渗入进一步加速直到完全填充包覆金属橡胶。之后将模具取出置于 25℃ 左右的室温下 3～4h 完成固化。最后将固化完成的 MES-SRC 取出，并对其边缘部分进行修饰加工以达到既定的尺寸要求。制备完成的 MES-SRC 如图 9-3（f）所示。

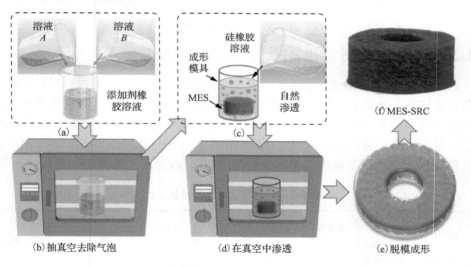

图 9-3　MES-SRC 制备流程图

　　MES-SRC 的力学性能受金属橡胶与硅橡胶两相及其界面关系的影响。为了观察 MES-SRC 复合后内部结构形貌的分布特征，对成形构件进行线切割以获得其纵剖面，并使用 SEM 对剖面结构进行观察。剖面在 SEM 下如图 9-4（a）～（c）所示，可以看到，通过两步真空渗流工艺复合而成的成形构件内部填充良好，硅橡胶能够较好地将 MR

内部大量的微孔隙覆盖且不产生空泡缺陷，证明本节所给出的复合工艺的可靠性，同时可以观察到，金属丝的分布保留了 MR 的随机分布特征，纵剖面呈现出不同形貌截面特征。此外，值得注意的是，从图 9-4(b) 中可以看到，复合材料内部在原有 MR 接触区域依然保持了线匝间的直接接触，并没有被硅橡胶所分隔。因此材料内部的接触形式包含了 Wire/SR(金属丝与硅橡胶)和 Wire/Wire(金属丝与金属丝)两种，这将对其宏观力学性能产生影响。然而，材料内部接触的主要形式依然为 Wire/SR，图 9-4(c) 给出的两相界面剖面图显示线匝与 SR 的界面呈现出相互交错渗透的形式，与此同时，受限于线切割手段及两相材料间过大的硬度差，纵剖面呈现出的两相材料在界面处都出现了变形并产生了磨屑。为进一步观察表征两相材料的结合界面，对 MR 暴露表面进行 SEM 观测及界面能谱仪(energy dispersive spectrometer，EDS)线扫分析。从图 9-4(d) 中可以看出，MR 暴露表面的两相材料界面结合良好，本节选取如图 9-4(e) 所示的结合界面进行 EDS 线扫分析，结果如图 9-4(f) 所示，在 EDS 线扫元素分布图中出现了一个较为明显的元素跃迁区域，其宽度约为 7μm，因此我们得出两相材料结合良好的界面厚度为 7μm 左右。然而，本节采用的制备工艺并不会使两相材料出现化学渗透，界面黏结力的产生应为硅橡胶渗透到线匝表面孔隙中固化后带来的机械钉扎效应所导致的(图 9-4(c))。此外，从图 9-4(d) 中可以看到，线匝表面由于金属丝制备中的冷拔工艺出现了沿丝长方向上的纹理，这为两相材料的黏合提供了有利条件。

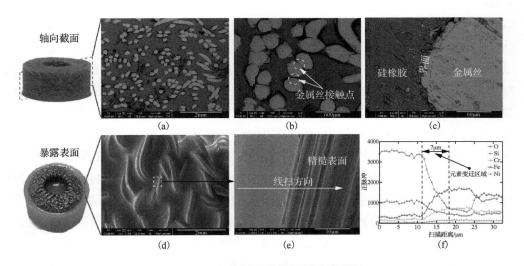

图 9-4　MR 内部结构分布复合界面特征

(a)～(c)：SEM 下的纵截面；(d) 和 (e)：SEM 下暴露的表面；(f)：EDS 线扫描元素分布图

9.1.3　MES-SRC 宏观准静态力学性能分析

不同于传统的纤维增强复合材料,通过复合工艺制备获得的新型 MES-SRC 中的贯穿相 MR 具有随机分布的纠缠态空间网状结构,因此,材料复合后的强化效应在保持传统纤维增强复合材料的基础上,具有独特的强化机制。本节对制备获得的 MES-SRC 材料的宏观准静态力学性能进行了表征,讨论了材料复合后的强化机制。

本节采用 MR 所占据其空间的体积分数表示材料的相对密度,表 9-3 所示的三种不同丝材质量所对应的体积分数分别为 30%、26%和 23%。开展压缩试验的工装如图 9-5(a)所示。试件放置在试验机底座上,计算机控制压盘对试件施加位移载荷,传感器收集试验数据并传递至计算机。如图 9-5(b)所示,材料在一个加卸载周期内力-位移曲线所围成的面积 ΔW 可以表征材料的耗能特性,而材料的承载特性可以由图 9-5(c)所示的材料储存的弹性势能 U 表征,采用静态损耗因子 η_s 表征材料的阻尼性能[5]。

从图 9-5(d)可以看到,MES-SRC 和金属橡胶的加卸载迟滞回线有着显著的差异,MES-SRC 的承载能力远大于金属橡胶,这是由于硅橡胶的引入,极大地强化了金属橡胶的承载能力。为了定量研究两种材料宏观力学特性的不同,对不同体积分数下的材料进行了性能指标计算,结果如图 9-5(e)所示,可以发现 MR 在与 SR 复合后的耗能特性及承载特性均得到大幅度的提升,增长幅值幅度为 5～7 倍,这正是硅橡胶填充后带来的增加效应,其强化机制主要由金属橡胶缠绕结构强化机制、填充相强化机制、界面强化机制三种组成。金属橡胶本身具有一定的强度,其强度受密度和制备工艺参数的影响[6-8],特殊的交错、勾连、互锁的缠绕结构在 MES-SRC 增强机制中占重要地位,也是间接影响其他增强机制的关键。填充相基体是复合材料强化机制的源头,由于硅橡胶的弹性变形且不可压缩性,其变形过程可以吸收更多的能量,使得 MES-SRC 的承载能力和缓冲性能优于金属橡胶。此外,基体与金属丝形成的界面相是复合材料强化的重点,通过复合工艺,金属丝与硅橡胶的界面间具有一定的黏结强度,加剧了界面附近橡胶在承载过程中的变形及其内部高分子链段间的相对运动程度,是复合材料性能强化最重要的原因。此外,表征阻尼性能的损耗因子在随不同材料体积分数的变化下表现出不同特征,MR 损耗因子随着体积分数的上升而下降,MES-SRC 则相反,这是由于体积分数的上升使得 MR 材料的线匝间滑移被限制,影响了阻尼耗能水平,但也带来了承载特性的提升,而 MES-SRC 随着贯穿相体积分数的增大拥有了更多的两相接触界面,改善了总体界面耗能,这使其在保持大刚度的基础上,仍能保证优异的阻尼水平。

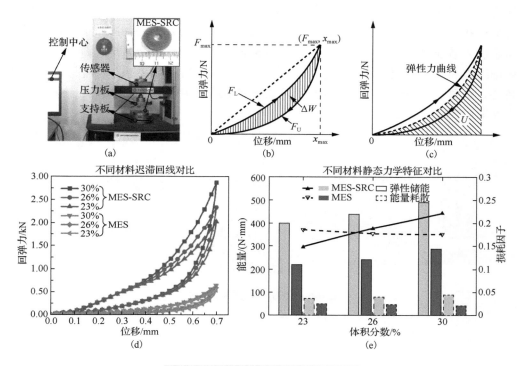

图 9-5　材料的准静态力学试验和表征

9.1.4　复合结构金属橡胶减振器的静态力学性能

根据前面的设计加工了减振器壳体，其实物图如图 9-6 所示。同时本研究静力学试验的相关设备使用济南天辰智能装备股份有限公司生产的 WDW-200T 微机控制电子万能材料试验机。试验机提供的最大压缩力可达 200kN，位移分辨率为 0.0001mm，所采用的传感器精度优于示值的 ±1%。MES-SRC 减振器静态力学性能测试的工装如图 9-6 所示，减振器置于底座的中央，上部压盘与减振器上表面接触。试验载荷为压缩位移载荷，载荷的程序设置通过控制计算机设置并运行。每组试验的测试次数为 3 次，对采集到的 3 组试验数据进行算术平均即为本研究最终测试结果。

对 MES-SRC 减振器静态力学性能的测试结果如图 9-7 所示。事实上，MES-SRC 作为减振器的核心元件，测试结果本身也是其材料属性和力学性能的直接体现。图 9-7(a) 为不同密度金属橡胶与硅橡胶复合而来的 MES-SRC 在相同加载位移下的测试曲线，图 9-7(b) 为同一密度（$1.8g/cm^3$）、不同加载位移下的 MES-SRC 的测试曲线。可以发现，减振器有着明显的非线性迟滞特征，在相同加载位移的情况下，随着金属橡胶密度的增加，MES-SRC 在最大位移处的恢复力也随之增加，随之而增大的还有加载和卸载曲线所包围的面积。而随着加载位移的增加，MES-SRC 的恢复力增加，承载能力增强。此外，不同加载位移下的加载曲线几乎保持重合，这也表明 MES-SRC 内部结构和宏观性能的稳定性较强。为了定量研究 MES-SRC 的刚度和阻尼耗能特性，计算了 MES-SRC 在静载过程中的耗能 ΔW、割线刚度 k_s 和损耗因子 η_s，如表 9-4～表 9-6 所示。

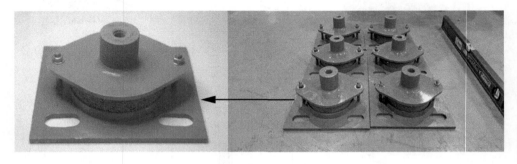

图 9-6　MES-SRC 减振器实物

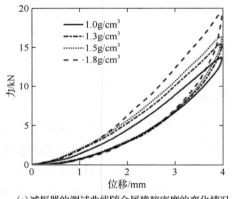

（a）减振器的测试曲线随金属橡胶密度的变化情况

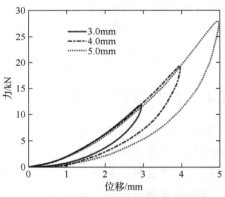

（b）减振器的测试曲线随加载位移的变化情况

图 9-7　MES-SRC 减振器准静态测试结果

表 9-4　MES-SRC 耗能随加载位移及金属橡胶密度的变化　　　（单位：kN·mm）

位移/mm	金属橡胶密度/(g/cm³)			
	1.0	1.3	1.5	1.8
3.0	2.07	2.91	3.76	5.21
4.0	5.07	1.144	9.07	11.53
5.0	11.13	14.91	18.89	23.03

表 9-5　MES-SRC 割线刚度随加载位移及金属橡胶密度的变化　　（单位：kN/mm）

位移 /mm	金属橡胶密度/(g/cm^3)			
	1.0	1.3	1.5	1.8
3.0	2.82	3.29	3.55	4.13
4.0	3.52	3.97	4.18	4.98
5.0	4.06	4.58	4.58	5.80

表 9-6　MES-SRC 损耗因子随加载位移及金属橡胶密度的变化

位移 /mm	金属橡胶密度/(g/cm^3)			
	1.0	1.3	1.5	1.8
3.0	0.09	0.11	0.14	0.19
4.0	0.10	0.14	0.17	0.21
5.0	0.12	0.16	0.21	0.24

参数的计算结果与对比表明，随着加载位移和金属橡胶密度的增加，MES-SRC 的耗能、割线刚度和损耗因子都明显增加。其中，耗能的增加趋势较为明显，而割线刚度和损耗因子则增加得较为平缓。金属橡胶作为 MES-SRC 的骨架，其密度的增加意味着 MES-SRC 内部金属丝体积占比的提升，由于金属丝材料相较于硅橡胶的硬度更大，抵抗变形的能力更强，因此 MES-SRC 在宏观上便表现出更大的承载能力，相应的割线刚度也更大。当 MES-SRC 承受更大的压缩位移时，MES-SRC 内部金属丝之间的相互挤压增强，分布于金属丝孔隙内的硅橡胶变形加大，两者相互作用从而提供了更大的承载力。而 MES-SRC 耗能的增加则源自于 MES-SRC 内部多样的耗能机制，包括金属橡胶内部金属丝之间在挤压过程中的摩擦耗能和硅橡胶分子链之间的摩擦耗能。对于硅橡胶而言，没有经过改性的纯硅橡胶阻尼性能并不出色，因此其内部分子链摩擦所消耗的能量也较少。随着金属橡胶密度的提升，MES-SRC 内部金属丝之间的摩擦耗能比例得到提升，因此耗能增多。而随着位移增加，金属丝之间的摩擦和硅橡胶分子链之间的摩擦程度增大，故耗能再次增强。而 MES-SRC 损耗因子随着金属橡胶密度和压缩位移的增加而增大，因此由对于损耗因子的计算可推断出，MES-SRC 耗能的增加比例要大于最大弹性势能的增加比例。

基于 MES-SRC 减振器的刚度设计标准以及在静载下位移不大于 4mm 的设计要求，可以发现由密度为 1.3g/cm^3、1.5g/cm^3 和 1.8g/cm^3 的金属橡胶复合而来的 MES-SRC 满足要求。其中密度为 1.3g/cm^3 在 4mm 压缩载荷下的割线刚度仅略微满足刚度标准的下限。

9.2　MES-SRC 的有限元数值模拟研究

能够反映材料真实互贯穿结构的有限元分析模型是深入探究 MES-SRC 的有效手段。与制备工艺类似，MES-SRC 有限元模型的建立分为两个主要步骤，首先是建立具有复杂空间构型的金属橡胶模型，其次是金属橡胶与基体硅橡胶的耦合。模型建立的关键是如何避免 MR 空间随机分布带来的耦合界面附近质量较差的网格划分，这将使得传统互穿结构挖空建模方法难以进行计算，因此，本书采用域网格叠加法解决了这一问题。

9.2.1　金属橡胶材料的有限元建模

为最大限度接近制备工艺，本节使用本书第 2 章介绍的虚拟制备技术构建了以缠绕芯轴的空间曲线为基架线，借鉴纱线缠绕数值仿真技术中给出的物理真实 3D 路径[6]，确立了基架线的空间坐标方程，生成了螺旋卷的空间基架线，如图 9-8(a) 所示。利用全局坐标系与局部坐标系的空间迭代转换实现金属丝绕着基架线缠绕形成金属橡胶螺旋卷，如图 9-8(b) 所示。图 9-8(c) 展现了金属橡胶毛坯数值模型与实际毛坯表观纹路的对比，可以清晰地看出，通过计算机辅助制备技术模拟的金属橡胶毛坯与实际材料纹路呈现高度的一致性。这项工作中金属橡胶的制备参数如表 9-2 所示，采用材料为 304 奥氏体不锈钢，故材料参数设置为：弹性模量为 2.06×10^5 MPa，密度为 7.93×10^{-3} g/mm³，泊松比为 0.3。针对这项工作中制备的空心圆柱金属橡胶具有整体的周期对称特性，为节省计算成本，对空心圆柱的 1/6 进行数值计算。通过设置分段塑性属性、切线模量、失效应变以及应变率参数来模拟金属橡胶的冲压成形或加卸载过程，如图 9-8(d) 所示。利用罚函数以及非经典摩擦理论对金属橡胶虚拟冲压成形过程中的线匝多点随机接触进行基于二次开发的自判定。最终获得的金属橡胶数值模型及实物如图 9-8(e) 所示，从图中可以清楚地看到基于虚拟制备技术的 MR 及线匝细观纹理与实物结构呈现出高度的一致性，能够有效反映出金属橡胶材料空间无序、真实的结构形貌。

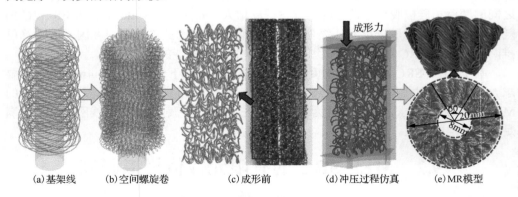

(a)基架线　　(b)空间螺旋卷　　(c)成形前　　(d)冲压过程仿真　　(e)MR模型

图 9-8　金属橡胶材料有限元模型建立流程

9.2.2　硅橡胶材料的属性建立

与传统的橡胶材料类似，作为 MES-SRC 基体的硅橡胶也有着大变形和非线弹性的特点，通常采用超弹性本构来描述其力学性能。目前运用较多的是基于连续介质力学的唯象模型，基于试验事实建立描述材料应力应变关系的数学方程，有基于前两阶多项式表达应变能密度的 Mooney-Rivlin 模型、取三阶多项式的 Yeoh 模型和非多项式表达的 Marlow 模型[4]等。本节对硅橡胶的性能进行测试，制备了实心圆柱形硅橡胶，其外径为 29mm，高度为 13mm。测试的装置为 WDW-20T 万能材料试验机，采用的传感器量程为 1kN，以 10mm/min 的加载速度对其进行准静态压缩试验。在正式试验前先进行了 3 次循环加载，以保证测试结果不具有偶然性，试验测得的结果如图 9-9(a) 所示。

根据测试采集的试验数据，分别对 Mooney-Rivlin、Yeoh、van Der Waals 和 Marlow 四种本构模型进行参数拟合。试验结果与参数拟合结果的对比如图 9-9(b) 所示。可以发现，小应变时，四种模型的拟合曲线与试验曲线的重合度都很高。随着应变的增加，Mooney-Rivlin 模型和 van Der Waals 模型的应力增长先高于试验数据，后小于试验数据。Yeoh 模型的变化趋势与试验数据较为接近但是精度较低，只有 Marlow 模型对试验的拟合精度始终保持在较高水平。为此，本节选择 Marlow 模型作为硅橡胶的本构模型在有限元模型中建立相应的材料属性，且设置泊松比为 0.49，密度为 $1.3 \times 10^{-3} \mathrm{g/mm}^3$。

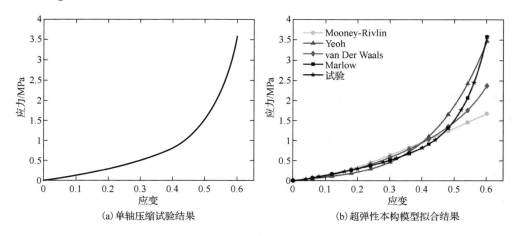

(a) 单轴压缩试验结果　　　　　　　　　(b) 超弹性本构模型拟合结果

图 9-9　试验结果与参数拟合结果对比

9.2.3　基于域网格叠加方法的 MES-SRC 有限元模型

从 MES-SRC 的制备流程中可以了解到，金属橡胶是在硅橡胶基体内部作为支撑骨架占据一定的空间体积。因此，硅橡胶内部必定存在着与金属橡胶空间构型相同的孔洞，这就导致硅橡胶在空间上呈现无规则的非连续分布。对这种不规则几何体进行网格划分时只能采用四面体网格，划分出的网格不但质量差，而且计算精度低甚至无法计算。为了避免这一问题，本节采用基于域网格叠加的方法建立 MES-SRC 的有限元模型。这种方法避免了对硅橡胶内部进行孔洞的切除，可以采用六面体网格对连续规则的硅橡胶几何体进行网格划分。接下来的关键是建立金属橡胶与硅橡胶的耦合，保证外载荷通过硅橡胶向金属橡胶传递。

已有研究发现复合材料之间力的传递是通过界面来实现的。因此，本节在金属橡胶的表面增加一层内聚力单元[8]作为界面层。将界面的内表面的节点与金属丝表面的节点共用，保证了界面内表面与金属丝的外表面拥有相同的自由度。之后将界面单元的上表面节点嵌入橡胶基体的内部，这样便可以保证界面的另外一个表面与橡胶基体拥有相同的自由度。由此便建立了如图 9-10 所示的 MES-SRC 有限元模型。

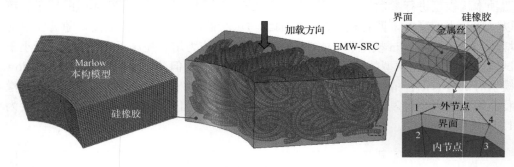

图 9-10　MES-SRC 有限元模型

有限元模型中金属丝与硅橡胶的部分网格域相互叠加，两者通过界面单元进行耦合。这种耦合可以利用嵌入单元方法来实现，当嵌入体嵌入主体后，节点之间的耦合公式如下：

$$u_i^I = \sum_{k=1}^{8} S_k\left(\xi^k, \psi^k, \eta^k\right) u_i^k, \quad i = x, y, z \tag{9-4}$$

式中，u_i^I 表示嵌入体中节点 I 的平移自由度；u_i^k 表示节点 I 附近位于主体域上的节点 k 的平移自由度；$S_k\left(\xi^k, \psi^k, \eta^k\right)$ 为三维空间的插值基函数。

界面内聚力单元的材料本构基于双线性牵引分离定律，界面的损伤判定以各个方向的极限应力为标准，损伤的演化基于能量法，因此，损伤起始判定准则如下：

$$\max\left\{\frac{\langle\sigma_n\rangle}{\sigma_n^{\max}}, \frac{\tau_s}{\tau_s^{\max}}, \frac{\tau_t}{\tau_t^{\max}}\right\} = 1 \tag{9-5}$$

式中，σ_n、τ_s 和 τ_t 分别为内聚力单元三个方向上的牵引力；$\sigma_n^{\max}$、$\tau_s^{\max}$ 和 $\tau_t^{\max}$ 分别

为三个方向上的极限牵引力；$\langle\sigma_n\rangle=\max(0,\sigma_n)$。

同时定义刚度退化 D 来衡量刚度软化的情况：

$$K=K^0(1-D) \tag{9-6}$$

式中，K^0 为损伤起始时的界面刚度，界面刚度的定义为内聚力单元牵引力与位移的比值；D 的数值为 0～1，当 $D=0$ 时表示界面未破坏，当 $D=1$ 时表示界面完全发生破坏失效。

9.2.4　复合界面结合性能

1) 金属丝拔出试验及数值模拟

MES-SRC 中液态硅橡胶在固化后与金属丝黏结在一起，在两者的黏结接触的地方就形成了这两相的界面。金属丝与硅橡胶黏结的强度即两者界面结合性能存在着一个极限，超越该极限后界面会产生损伤甚至失效，为此，如何对有限元模型中复合界面进行准确描述，成为影响整体仿真结果可靠性的关键。为了对 MES-SRC 中复合界面的结合性能进行测试探究，本节开展金属丝拔出试验。拔出试验是将单根金属丝埋入硅橡胶中，再将金属丝从固定的硅橡胶中拔出，并采集拔出过程中拔出力的数据，通过研究拔出过程的极限力及其对应的位移来了解两相界面的结合性能。单根金属丝拔出硅橡胶的测试工装和测试样品如图 9-11(a) 所示，将测试样品装入工装外壳，拉伸试验机的下部夹头夹住外壳的尾部突杆，上部夹头夹住金属丝，测试样品是直径为 0.3mm 的金属丝，金属丝埋入深度为 20mm，设置拔出金属丝的速率为 1mm/min。

此外，对单根金属丝拔出硅橡胶的过程开展有限元模拟以确定复合界面结合的本构参数。有限元模型分为三相，分别为基体橡胶、单根金属丝和两者的接触界面。橡胶和金属丝网格划分的单元类型为 8 节点 6 面体单元。为了保证计算精度，对金属丝与橡胶接触周围的网格进行了加密处理。本书分别采用基于域网格叠加方法和传统建模方法对拔出过程进行建模分析，如图 9-11(b) 所示，并采用基于双线性牵引分离定律且厚度为 0 的内聚力单元作为材料复合界面的力传导单元。对于传统建模方法，需要在硅橡胶模型中心挖出插入金属丝的圆柱孔，内聚力单元的底部表面与金属丝外表面共节点，外部节点与橡胶孔洞内表面节点绑定。而域网格叠加方法的硅橡胶模型是完整的，内聚力单元的底部表面与金属丝外表面依然共节点，外部节点嵌入橡胶基体内。

由已有研究可知，金属丝的拔出过程主要涉及剪切破坏[8]，因此本节设置法向和切向的极限强度以及临界断裂能释放率相同，依据剪切滞后模型给定界面的极限强度和临界断裂能释放率分别为 0.26MPa 和 0.099J/m²。模型的边界条件设置为橡胶上下表面的全固定，载荷设置为金属丝沿 Z 方向的位移载荷，忽略金属丝与硅橡胶脱黏后的滑动摩擦。运算完成后，提取金属丝在 Z 方向的反力，绘制拔出力-位移曲线，将该数值模拟结果的曲线与试验结果对比，如图 9-11(c) 所示。可以看出，两种建模方法计算得到的数值模拟结果与试验曲线的重合度都较高，由此得出本节仿真过程设置的金属丝与硅橡胶界面结合参数是较准确的。

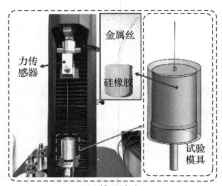

(a) 拔丝试验

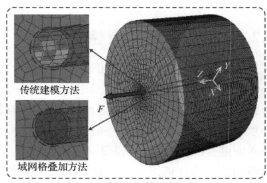

(b) 拔丝试验数值模型

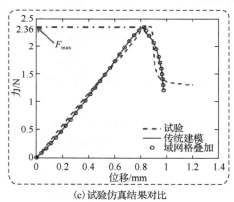

(c) 试验仿真结果对比

图 9-11　拔丝试验及数值模拟结果

2) 数值模拟结果对比

本节分别基于传统建模方法和域网格叠加方法对金属丝拔出过程进行数值模拟，在探究材料复合界面的结合性能的同时进一步验证域网格叠加方法的可靠性。金属丝拔出橡胶在界面损伤发生前后的应力场如图 9-12 所示。由损伤前的应力云图（图 9-12(a)～(c)）可以看出，三相材料的应力从大到小依次为金属丝、界面和硅橡胶。金属丝的应力自拔出端向末尾依次递减，而界面以及橡胶的应力自两端向中心递减。因此，界面两端最先达到结合强度极限，最早发生损伤，损伤后的应力云图也证明了这一点。观察损伤后的界面以及橡胶的应力云图(图 9-12(e)和(f))可以发现，在两端的界面发生损伤失效后，来自金属丝的应力便无法通过界面传递到硅橡胶。界面失效部分以及对应橡胶接触部分的应力下降为 0。

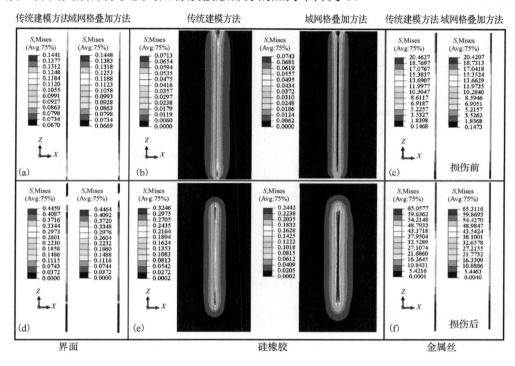

图 9-12　界面损伤前后的应力云图

提取损伤发生时界面的刚度退化系数(scalar stiffness degradation，SDEG)如图 9-13 所示，可以发现当两端的系数为 1 时，此时界面已经完全失效。当两端靠近中心部分的系数为 0~1 时，此时刚度开始退化但依然存在着传递应力，而中心部分的系数为 0，刚度并未发生退化。对比传统建模方法与域网格叠加方法可以发现，两者计算得到的应力场以及刚度退化系数分布几乎相同。对比橡胶被金属丝填充部分的应力云图(图 9-12(f))可以发现，域网格叠加方法在传统建模孔洞部分的应力为 0，并未受到力的作用，因此对仿真结果不产生特别的影响。为了解应力的传递情况，提取界面自拔出端到末端的法向应力和切向应力，如图 9-14 所示。可以发现，切向应力远远大于法向应力，即拔出过程金属丝的应力主要以法向传递。对比两种建模方法可以发现，两者计算得到的切向应力结果的一致性较高，而法向应力略有偏差。考虑到法向应力数值十分微小，这种偏差可忽略。由此也得以证明了域网格叠加方法的准确性。

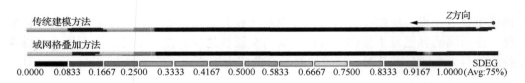

图 9-13　界面刚度退化情况

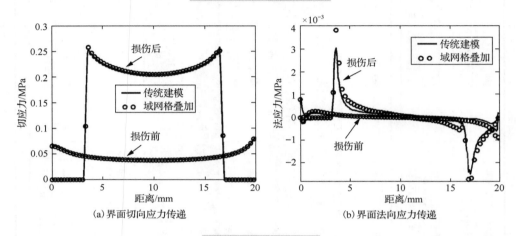

(a) 界面切向应力传递　　　　　　　　　　(b) 界面法向应力传递

图 9-14　界面应力传递

9.2.5　准静态压缩仿真结果

在基于金属橡胶虚拟制备技术和域网格叠加方法建立了 MES-SRC 有限元模型并确立了材料复合界面的结合属性后,对 MES-SRC 进行了单轴准静态压缩的数值模拟,深入探究这种材料的细观力学性能,以对材料的制备及使用工况做出先期指导。为了解 MES-SRC 在承受载荷过程中的力学性能,对其进行了准静态压缩的数值模拟。载荷设置如图 9-15(a)所示,MES-SRC 位于两刚性板之间,下刚性板固定,上刚性板通过施加位移载荷提供对 MES-SRC 的压缩力,压缩位移为 0.7mm。与此同时,对 MES-SRC 实物进行准静态压缩试验。通常,模型的有效性通过相关指数 R^2 定量测量。R^2 值越接近 1,模型的预测精度越高,实际变量和预测变量之间的线性相关性越强。通过计算得出金属橡胶体积分数为 30%、26% 和 23% 的 R^2 值分别为 0.9908、0.9964 和 0.9962。

本书对材料的仿真结果进行讨论分析以进一步探究材料在压缩工况下的细观力学特性,为提高本书的可读性,后续讨论将基于体积分数为 30% 的 MES-SRC 材料进行。通过有限元求解得到 MES-SRC 三相材料在不同压缩工况下的等效应力分布变化如图 9-16 所示。由图 9-16 可以发现,随着 MES-SRC 不断被压缩,各相材料的应力均不断增大,等效应力最大处为金属丝,最小处为界面相。通过观察硅橡胶应力云图可以发现，其应力集中区域主要在上下表面。金属橡胶压缩成形后，在上下表面会留有部分突出的金属丝。与硅橡胶复合形成 MES-SRC 后，刚性板的压力直接作用于硅橡胶表面，突出部分的金属丝与刚性板会剧烈挤压表面硅橡胶，由此，在硅橡胶表面形成了较大的应力集中。通过观察金属丝的应力分布情况可以发现，分布在表层的金属丝并没有出现较大的应力集中，应力值主要位于应力区间的底部和中上部分。在最大压缩载荷下表层金属橡胶的应力值达到 622MPa 左右。

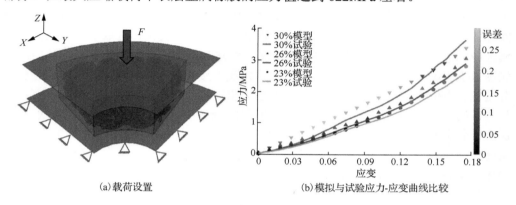

(a) 载荷设置　　　　　　　(b) 模拟与试验应力-应变曲线比较

图 9-15　MES-SRC 的准静态压缩试验与数值模拟

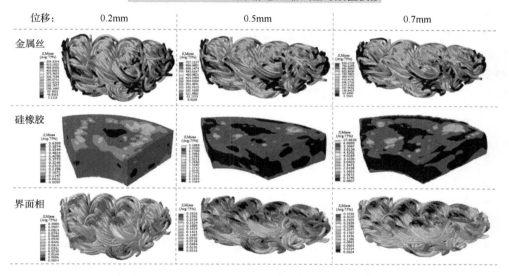

图 9-16　不同压缩状态下 MES-SRC 的等效应力分布

图 9-17 为不同压缩工况下单线匝的等效应力和等效塑性应变云图，可以发现，线匝会产生应力集中的现象，应力集中部分位于金属丝相互挤压接触点附近。随着

压缩量的增加，挤压区域的应力不断增大，在压缩结束时应力极值达到了 830MPa
左右。为进一步探究单线匝在整个压缩过程的应力变化，提取了应力集中区域的等
效应力在不同压缩位移下的对应值，利用最小二乘法对结果进行拟合后绘制了变化
趋势曲线，如图 9-18(a) 所示。由图 9-18(a) 可以观察到，随着压缩位移的增加，等
效应力呈现出线性的快速增大，压缩位移达到 0.25mm 时到稳定值 800MPa 附近。随
着位移的进一步增大，应力出现了明显的下降现象，这是由于金属丝接触部分产生
了相对滑移，金属丝的接触状态从静摩擦转变为动摩擦，接触力减小使得接触区域
的等效应力下降。此外，为了更直观地证明接触状态的变化，提取了金属丝微元接
触区域的接触应力随压缩载荷的变化情况，同样对结果拟合后绘制变化趋势曲线，
如图 9-18(b) 所示。由图 9-18(b) 可以明显发现，接触应力与等效应力的变化趋势十
分相似，在位移加载到 0.4mm 时，接触应力出现了明显的下降，这直接证明了接触
状态开始处于滑动摩擦阶段。随着位移的增加，接触应力短时保持稳定后再次增大，
这意味着金属丝的接触状态再次发生了转变。由于橡胶填充于金属丝之间的孔隙中，
从而对金属丝的运动产生限制，因此金属丝在产生微小的相对滑移后便停止并进入
静接触状态。从图 9-17 中还可以看到，金属丝在接触部分产生了明显的塑性应变，
随着位移载荷的增大，塑性应变不断增加。提取接触区域的等效应力在不同压缩位
移下的对应值，并对提取结果拟合后绘制变化趋势曲线，如图 9-18(c) 所示。由图
9-18(c) 可以发现，在压缩起始阶段并未产生塑性变形。随着压缩位移增大，塑性变
形迅速线性增大后缓慢增加，位移超过 0.4mm 后塑性变形保持稳定，几乎没有增加。
位移载荷增加到 0.5mm 时塑性应变开始微增。塑性应变的变化也与金属丝的运动接
触变化直接相关，这也说明了硅橡胶的填充并没有完全限制金属丝的相对运动，金
属丝依然可以通过干摩擦对振动能量进行消耗。

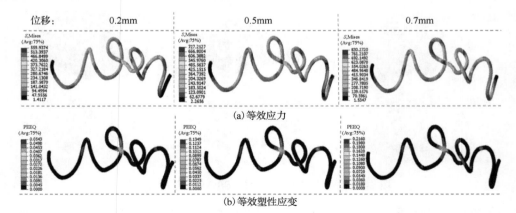

图 9-17　单线匝的等效应力和等效塑性应变云图

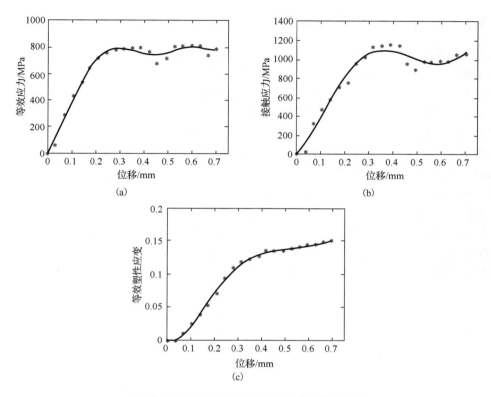

(a)

(b)

(c)

图 9-18　单线匝在压缩工况下的应力应变趋势

9.3　电梯曳引机系统与 MES-SRC 减振器有限元数值模拟

本节将对减振器的安装应用进行研究。首先基于电梯曳引机的实际结构，建立其三维几何模型和有限元数值模型。对减振器进行冲击响应分析，对比不同 MES-SRC 材料和冲击载荷对响应的影响，校核减振器的强度。另外，还基于 MES-SRC 的近似等效，对减振器系统的冲击响应进行理论计算，并将理论与有限元模拟进行对比验证。最后将所制备的 MES-SRC 减振器安装于实际电梯曳引机中，测试电梯在运行过程中的加速度和速度变化，计算电梯运行的相关特性参数。

9.3.1　电梯曳引机系统建模

　　参考所研究的电梯曳引机的实际结构和尺寸，建立了各个零部件的几何模型。为了便于后续有限元模型的建立，对原本复杂的结构进行了简化。所建立的曳引机系统主要包括驱动、制动、支撑和减振器四个模块。制动模块如图 9-19(a) 所示，由于制动器的复杂性且对研究的影响较小而省略。驱动模块主要为曳引轮和曳引电机箱体，如图 9-19(b) 所示。支撑模块如图 9-19(c) 所示，包括上下两排工字梁和曳引轮，上部的工字梁支撑曳引机驱动和制动主体，下部的工字梁安装导轮和连接减振器。最后，按照实际安装位置装配完成的曳引机模型如图 9-19(d) 所示。将所建立的电梯曳引机几何模型导入有限元软件 Abaqus，分别对各个部件划分网格，网格类型为C3D8R，单元尺寸根据不同部件自身尺寸合理多样化定义，完成划分后的有限元模型如图 9-19(e) 所示。其中曳引机的曳引轮和导轮的耐磨性要求较高，材料定义为QT600 钢，其他部件的材料定义为 Q235 钢。减振器外壳部分的材料采用 45 钢。曳引机承载的轿厢、对重以及曳引绳等质量附加到曳引轮上，以满足实际载荷状况。

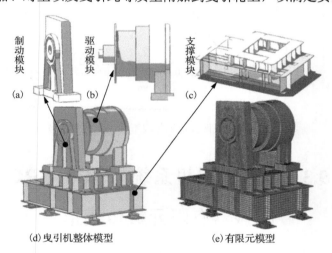

(d) 曳引机整体模型　　　　　　　(e) 有限元模型

图 9-19　电梯曳引机几何模型及有限元模型

9.3.2　电梯曳引机减振器冲击响应分析

　　电梯在工作时并非以稳定速度运行，在电梯启动和停止过程中会存在加速度，由于电梯质量较大，因此会产生较大的冲击载荷。为了研究减振器在冲击载荷下的力学响应，利用有限元软件对两种密度的 MES-SRC 减振器开展了冲击载荷下的有限元模拟。由于元件的尺寸较大，如前述研究中建立 MES-SRC 完整的有限元模型需要十分庞大的计算量，不利于工程研究。因此，选择以超弹性本构来近似等效 MES-SRC。

　　从前面有关橡胶本构的研究中了解到，Marlow 本构模型对于单轴压缩试验数据的拟合精度较高。为此，基于 MES-SRC 准静态压缩试验数据，以 Marlow 本构模型对数据进行拟合，试验与拟合结果的对比如图 9-20（a）所示。此外，基于前面动力学试验结果得到的损耗因子来定义材料阻尼。然而损耗因子对频率的敏感性较低，其随着振幅的增大而减小，选择最大振幅下的损耗因子的值作为材料的阻尼参数。边界条件的定义考虑到减振器的实际工况，首先在减振器的底部设置固定约束。单个减振器承受的质量通过在其顶面耦合附加质量 M 来实现，冲击加速度载荷 a 在耦合点处施加，同时在空间上还存在着重力加速度 G，如图 9-20（b）所示。施加的载荷随时间变化的曲线如图 9-20（c）所示，总时间设置为 3.5s。0～1s 时间内施加重力加速度，1～3.5s 时间内重力加速度维持稳定。冲击加速度 a 在 1.5s 时开始施加，冲击时间为 0.04s，剩余时间内观察振动的衰减。对于载客用的电梯，其加速度不超过 1.5m/s²。本次冲击研究了减振器在低于最大加速度、最大加速度时以及高于最大加速度时的响应情况，分别为 1.0 m/s²、1.5 m/s² 和 2.0m/s²。

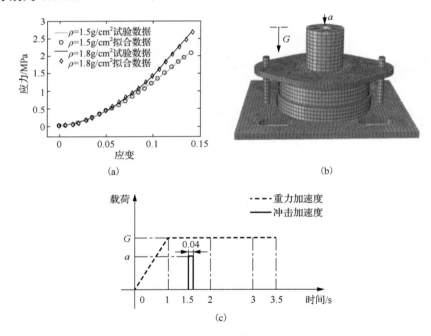

图 9-20　有限元材料属性与边界条件定义

　　减振器承受最大载荷的状态为冲击末尾，当冲击加速度为 2.0m/s² 时，不同密度的 MES-SRC 减振器各个部件的应力云图如图 9-21（a）～（h）所示。

　　通过对比可以发现，阻尼元件不同，减振器各部件的应力大小也不同。当由密度为 1.8g/cm³ 的金属橡胶制备而来的 MES-SRC 作为减振器的阻尼元件时，减振器的应力峰值更大。此外，减振器不同部件之间的应力差别也较大，其中压盖在受冲击时的应力更大。压盖应力较大部分集中在以压盖中心为圆心的一定环状区域内，该区域对应压盖上部空心圆柱形凸台。冲击载荷通过该凸台作用于压盖，并向四周扩散。同样的载荷分布也可在阻尼元件的上表面观察到，随着载荷向下扩散，到达减振器底座时载荷已经分布较为均匀。底座的应力主要集中于与阻尼元件接触部分。减振器外壳使用的材料为 45 钢，其屈服应力为 355MPa。对比应力峰值可以发现减振器外壳的强度能够满足使用要求。

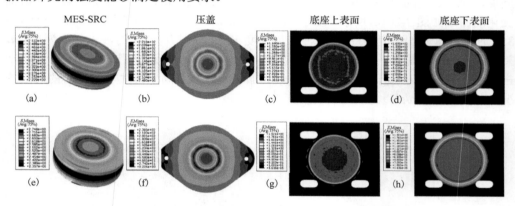

图 9-21　不同金属橡胶密度的 MES-SRC 减振器应力云图

减振器在受到冲击载荷之前的时间内，减振器所处重力场的加速度不断增加，附加质量 M 在重力作用下压缩减振器。当减振器在平衡位置时，附加质量 M 上突然产生冲击载荷作用，附加质量的位移和加速度响应如图 9-22 所示。

由图 9-22 可以发现，在冲击过程中，加速度保持恒定而位移随时间不断增加，冲击结束后加速度和位移在平衡位置振荡衰减。由图 9-22(a)～(d)可知，随着冲击加速度 a 的增加，加速度和位移响应的峰值不断增大。图 9-22(e) 和 (f) 分别为加速度 a 为 2.0m/s^2 时不同密度 MES-SRC 减振器的加速度和位移响应情况。图 9-22(e) 和 (f) 负方向的第一个峰值相同，这是因为冲击开始前，减振器处于平衡位置，初始速度为 0，由于作用于附加质量的冲击加速度相同，因此运动的位移相同。当冲击结束后，被压缩的 MES-SRC 开始反弹，由前面对 MES-SRC 的力学性能试验可知，压缩位移相同时，密度较大的 MES-SRC 的割线刚度更大，因此提供的反作用力也更大，相同质量下产生的加速度也更大。因此，图 9-22(e) 中密度 1.8g/cm^3 对应曲线在正方向的第一个峰值更大。随着振动的进行，对应金属橡胶密度更大的 MES-SRC 减振器对振动的衰减量更多，位移的振动幅值更小，同时衰减的速度也更快，最先稳定在平衡位置。

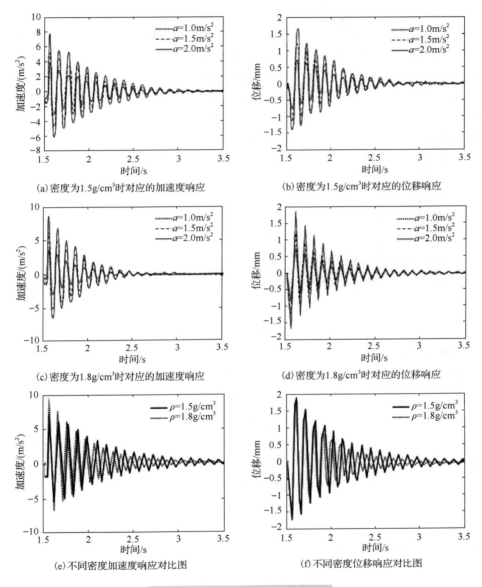

图 9-22　MES-SRC 减振器冲击响应

9.3.3　电梯曳引机减振器应用测试

1) 测试方法

由 9.2 节的分析可知，用密度更大的金属橡胶制备而成的 MES-SRC 对冲击振动的衰减更出色,因此选择密度为 1.8g/cm³ 的金属橡胶对应的 MES-SRC 为阻尼元件,加工了 6 个减振器,如图 9-23(a)所示。为了测试减振器的实际使用对电梯运行的影响,将减振器实际安装到电梯曳引机中,在电梯轿厢内进行了振动测试。测试使用的工具为 KA1-A 电梯振动和启制动加减速度测试仪,如图 9-23(b)所示。仪器的加速度测量范围为 ±2g,采样频率为 200Hz,速度测量准确度 <1%,最高分辨力为 ±0.001m/s²。在测试开始前,将测试仪放于静止电梯轿厢的中心位置,仪器始终保持水平静止,计算机连接测试仪并完成标定后开始测试。

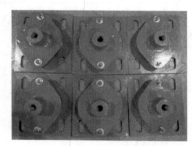　　

(a)MES-SRC减振器实物图　　　　　　(b)KA1-A电梯振动和启制动加减速度测试仪

图 9-23　试验器材

2)测试结果

本节对电梯的测试包括电梯的上升工况和下降工况,分别测试了两工况下电梯从启动到制动过程的加速度和速度,测试曲线如图 9-24 所示。

图 9-24(a)为电梯的上升工况,电梯启动时速度从 0 开始加速到 3.5m/s 并以该速度运行,运行一段时间后减速到 0 完成制动。图 9-24(b)为电梯的下降工况,速度方向相反。对比加速度曲线和速度曲线可以发现,在运行过程中,虽然电梯运行过程的加速度曲线有所波动,但是波动的幅度较小,因此电梯轿厢内的速度变化较为稳定。这说明 MES-SRC 减振器对曳引机运行过程中的振动有着可靠的衰减,保证了电梯的稳定运行。

为了确定更换 MES-SRC 曳引机减振器后电梯的运行性能,基于《乘运质量测量第 1 部分:电梯》(GB/T 24474.1—2020)规定电梯运行质量的评价指标计算了相关特性参数。评价参数包括最大加速度和最大减速度、最大加加速度以及 A95 加速度和 A95 减速度。其中 A95 加/减速度值是指电梯在运行过程中最大速度的 5%~95% 范围内,95% 采样数据的加/减速度小于或等于的值,如图 9-24(c)所示。规定对于振动的评价包括加速度最大峰值和 A95 加速度峰值。根据电梯加速度和速度的测试曲线,确定了电梯在上升和下降过程中的相关特性参数,结果如表 9-7 所示。

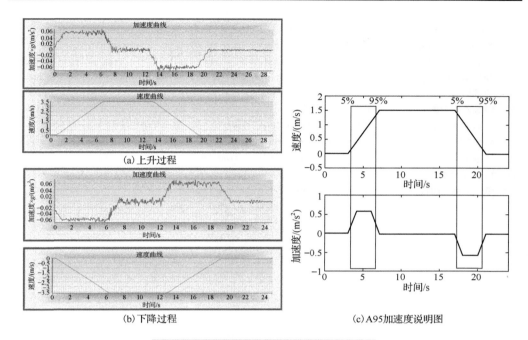

图 9-24 电梯运行加速度曲线和速度曲线图

表 9-7 MES-SRC 减振器安装后电梯运行特性参数

评价类型	测试结果	
	上升	下降
最大加速度/(m/s²)	0.76	0.74
最大加加速度/(m/s³)	0.21	0.24
最大减速度/(m/s²)	−0.79	−0.72
A95 加速度/(m/s²)	0.63	0.64
A95 减速度/(m/s²)	0.35	−0.38
加速度最大峰值/(m/s²)	0.82	0.79
(恒加速区)加速度最大峰值/(m/s²)	0.37	0.34
A95 加速度峰值/(m/s²)	0.16	0.19

参 考 文 献

[1] 白鸿柏, 路纯红, 曹凤利, 等. 金属橡胶材料及工程应用[M]. 北京：科学出版社, 2014.

[2] Gadot B, Martinez R O, Roscoat D R S, et al. Entangled single-wire NiTi material: a porous metal with tunable superelastic and shape memory properties[J]. Acta materialia, 2015, 96: 311-323.

[3] 张大义, 夏颖, 张启成, 等. 金属橡胶力学性能研究进展与展望[J]. 航空动力学报, 2018, 33(6): 1432-1445.

[4]　CHANEY D S. Mold making with room temperature vulcanizing silicone rubber[J]. The paleontological society special publications, 1989, 4: 284-304.

[5]　TANG J B, ZHAO G, WANG J, et al. Computational geometry-based 3D yarn path modeling of wound SiCf/SiC-cladding tubes and its application to meso-scale finite element model[J]. Frontiers in materials, 2021, 8: 701205.

[6]　REN Z Y, SHEN L L, HUANG Z W, et al. Study on multi-point random contact characteristics of metal rubber spiral mesh structure[J]. IEEE access, 2019, 7: 132694-132710.

[7]　REN Z Y, SHEN L L, BAI H B, et al. Study on the mechanical properties of metal rubber with complex contact friction of spiral coils based on virtual manufacturing technology[J]. Advanced engineering materials, 2020, 22(8): 2000382.

[8]　LI D, YANG Q S, LIU X, et al. Experimental and cohesive finite element investigation of interfacial behavior of CNT fiber-reinforced composites[J]. Composites part A: applied science and manufacturing, 2017, 101: 318-325.